发现科学百科全书

人类

②

Discovery Science Encyclopedia

美国世界图书公司 编

陈仁杰 王维栋 吴祎涵 印冠锦 译

Human Beings

上海科书出版社

上海市版权局著作权合同登记章：图字 09-2018-351

Human Beings (Vol I and Vol II)

期望寿命

Life expectancy

期望寿命是衡量人们可能生存年数的一种指标。科学家按年龄划分一群人在特定时间内的死亡人数，以此计算期望寿命。期望寿命是建立在一定的死亡率水平上的。如果死亡人数下降，期望寿命就会提高。社会科学家和卫生工作者利用期望寿命来说明死亡率对人口的影响。

各国的期望寿命各不相同，因为人们的生活方式也各不相同。居住在具有先进医疗仪器、技术发达国家的人期望寿命较高。女性的期望寿命通常比男性高。

延伸阅读：衰老；死亡；生命；人口。

大陆	国家	男性	女性
非洲	阿尔及利亚	73	78
	斯威士兰	50	48
亚洲	日本	80	87
	阿富汗	59	62
澳大利亚和太平洋岛屿	澳大利亚	80	84
	巴布亚新几内亚	61	65
欧洲	瑞士	81	85
	俄罗斯	66	77
北美洲	加拿大	79	84
	海地	61	65
南美洲	智利	77	82
	圭亚那	64	69

各国的期望寿命各不相同，因为人们的生活方式大不相同。上表列出了各个大陆一些国家的期望寿命。

脐带为子宫中的胎儿提供来自胎盘的营养物质和氧气。

脐带

Umbilical cord

脐带是孕妇体内的一根管道，运输营养物质和氧气给胎儿，把胎儿和胎盘连接起来。胎盘是母体内的器官，它为胎儿提供营养物质和氧气，并带走废物。

脐带有两条脐动脉和一条脐静脉。脐静脉从胎盘给胎儿带来富氧的血液和营养物质，脐动脉将血液和废物从胎儿运送到胎盘。

婴儿出生时，医生会剪断脐带。肚脐标志着脐带附着的部位。

延伸阅读：动脉；婴儿；胎儿；胎盘；怀孕；子宫；静脉。

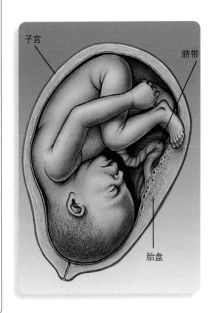

子宫

脐带

胎盘

气管

Trachea

气管是体内的一根呼吸管道。空气沿气管进入肺部。当一个人吸入空气时，空气会从鼻子和嘴巴进入气管最后进入肺部。

成人气管长约13厘米，宽约2.5厘米。其长度约有一半在胸腔内，其余都在颈部。

气管由16～20个C形环状软骨组成，软骨是身体内部的胶状组织。这些环状软骨位于颈部的喉结下，喉结是由喉头形成的。

延伸阅读： 软骨；喉；肺；呼吸。

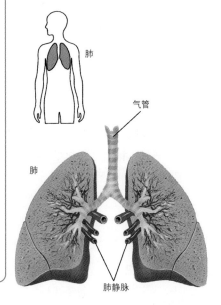

气管分成两个分支，向每个肺输送空气。

器官捐赠

Organ donation

器官捐赠是取得移植手术所需的人体器官的过程。在移植手术中，器官或组织从一个人转移到另一个人身上。移植器官通常包括心脏、肾脏、肝脏和肺。移植手术中使用的大多数器官来自已经脑死亡的年轻并且器官健康的人。脑死亡可能会发生于严重的头部损伤之后。器官捐赠可以拯救很多人的生命并使他们恢复健康。

人体移植器官的供应远远不能满足需求。因此，在获取人体器官以及将其交给需要移植的患者这个问题上，医生必须做出艰难的决定。在大多数国家，医生必须获得许可才能从死者身上取下器官以用于移植。在美国，人们可以在驾驶执照上进行标注，允许在死后捐赠器官。

医生正在寻找增加人体移植器官供应的方法。一种方法是活体器官捐赠。在美国，许多移植的肾脏来自活体捐赠者，因为人可以在捐赠一个肾脏后仍保持健康。活体肝脏捐赠也很常见。供体肝脏的一个肝叶被移植并生长成一个功能完善的器官。大多数活体器官捐赠者是患者的近亲，但有时活体器官捐赠也发生在两个陌生人之间。

延伸阅读： 肾脏；肝脏；外科手术；移植。

铅中毒

Lead poisoning

铅中毒是因摄入过多铅引起的中毒。铅是一种软金属，被制成许多不同的产品。

人们可能由于吞食铅制成的物体、吸入铅尘或铅烟雾、通过皮肤摄入铅而导致铅中毒。儿童可因进食含铅的油漆碎屑或吸入含铅的油漆粉尘而发生铅中毒。这种油漆曾经在老房子里使用过，在一些制造产品中也有发现。铅中毒也会发生在从事电池制造或其他使用铅的行业的成年人身上。其中一些行业可能会以铅尘和铅烟雾污染环境。

医生可以检查人的血液来看他们是否含有太多的铅。人们可以服药来清除体内的铅。

延伸阅读： 疾病；毒物。

两个穿着防护服的房屋油漆工在清除老房子上的含铅油漆。

前列腺

Prostate gland

前列腺是男性生殖系统中的一个器官，能产生一种浓稠的白色液体，这种液体可以运输精子。男性的前列腺位于膀胱下方，大约核桃大小。尿道是尿液排出体外的通道，从前列腺中穿过。

精子是由睾丸产生的，精子产生后从睾丸进入前列腺，与前列腺中的液体混合后形成精液。精液可以保证精子的健康，也能帮助精子从尿道排出体外。

延伸阅读： 人类生殖；睾丸；泌尿系统。

钱恩

Chain, Ernst Boris

恩斯特·伯利斯·钱恩 (1906—1979)
是在德国出生的英裔生物化学家。钱恩与弗莱明以及弗洛里因为关于青霉素的工作而共同获得 1945 年诺贝尔生理学或医学奖。

青霉素是一种强效药物，它用于治疗感染，也是第一种成功用于治疗严重人类疾病的抗生素。抗生素是由细菌或真菌产生的药物，可以杀死或抑制导致疾病的微生物。青霉素由青霉菌产生。

弗莱明发现青霉素可以杀死许多致病细菌，但他无法将青霉素制成药物。从 1938 年开始，钱恩与弗洛里合作，他们将青霉素提纯，使其可以被用作药物。

钱恩 1906 年 6 月 19 日出生于德国柏林，于 1979 年 8 月 12 日去世。

钱恩帮助研发青霉素。

延伸阅读：抗生素；细菌；生物化学；弗莱明；弗洛里；青霉素。

青春期

Puberty

青春期是儿童的身体逐渐向成年人转变的人生阶段。通常始于 10 ～ 12 岁。激素引发青春期的各种变化，这些变化为人们成为父母做准备。

在青春期中，儿童开始变得更像成年人。他们变高变重，男孩的声音变得低沉，女孩胸部开始发育，男孩和女孩都开始长出更多体毛。

青春期也是青少年时期的一部分，在此期间，孩子们开始像成年人一样思考，自己解决问题，也开始规划起自己的成年生活。

延伸阅读：青少年；儿童；腺体；激素；人类生殖；性别。

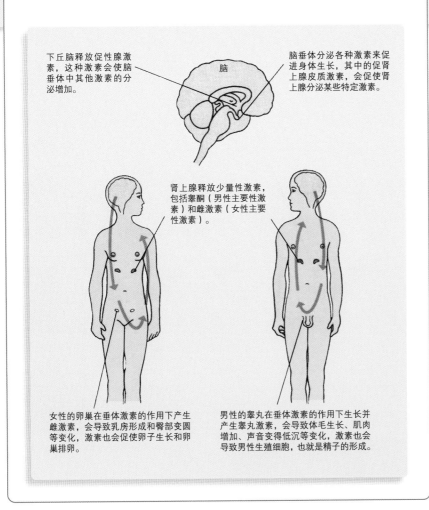

下丘脑释放促性腺激素，这种激素会使脑垂体中其他激素的分泌增加。

脑

脑垂体分泌各种激素来促进身体生长，其中的促肾上腺皮质激素，会促使肾上腺分泌某些特定激素。

肾上腺释放少量性激素，包括睾酮（男性主要性激素）和雌激素（女性主要性激素）。

女性的卵巢在垂体激素的作用下产生雌激素，会导致乳房形成和臀部变圆等变化，激素也会促使卵子生长和卵巢排卵。

男性的睾丸在垂体激素的作用下生长并产生睾丸激素，会导致体毛生长、肌肉增加、声音变得低沉等变化，激素也会导致男性生殖细胞，也就是精子的形成。

青春期发生的各种变化是由控制体内某些组织活动的激素引起的，这些变化都始于脑部。

青光眼

Glaucoma

青光眼是一种眼压升高而严重损害视力的眼病，也是致盲的主要原因。

眼球的前部充盈着清澈液体，由虹膜（眼球上有颜色的那部分）后的细胞生成。随着新的液体生成，旧的液体则通过细小的管道排出，流至血管。如果这些管道被堵塞，液体也就无法排出，眼压就会升高，导致青光眼的发生。眼压过高会引起连接着眼球和大脑的视神经的损坏，进而可能导致失明。

常见的一类青光眼主要发生于40岁以上的人群中，通常不太明显，因为青光眼不会导致疼痛或其他问题。患者视野会逐渐缩小，直至失明。目前还没有治疗这类青光眼的方法，但是多数病例可以通过药物得到控制。

另一类青光眼则可能在任何年龄突然发生，可能导致患者看到灯光周围的彩虹状环，眼睛发红，并感到眼睛及额头剧烈疼痛。如果患者没有立即就医治疗，就可能会失明。

延伸阅读： 失明；疾病；眼睛；眼科学；视觉。

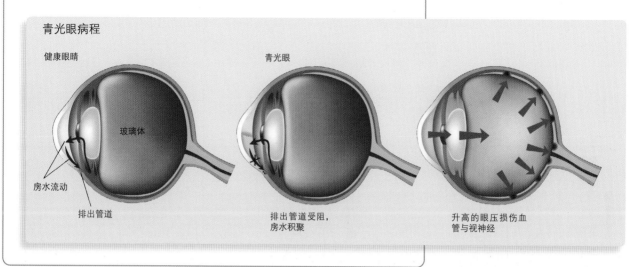

青光眼病程

健康眼睛　　　　　　　　　　　　青光眼

玻璃体

房水流动

排出管道　　　　　　排出管道受阻，　　　　升高的眼压损伤血
　　　　　　　　　　房水积聚　　　　　　　管与视神经

眼球前部充盈着清澈的液体，称为房水。随着新的房水生成，旧的房水通过细小的管道排出。如果这些管道被堵塞，房水无法排出，眼压开始升高，并导致青光眼的发生。

青霉素

Penicillin

青霉素是一种抗生素，通常作为注射剂使用。医生使用青霉素治疗由细菌引起的严重疾病。

青霉素是科学家研制的第一种抗生素。1928 年，英国科学家弗莱明偶然发现了它。弗莱明在实验室里放了一个盘子，盘子上长有细菌。在盘子的中间，他看到了一些霉菌。霉菌是在面包或其他已经变质的食物上絮状的、通常呈绿色的微生物。弗莱明注意到霉菌周围的细菌已经死亡。

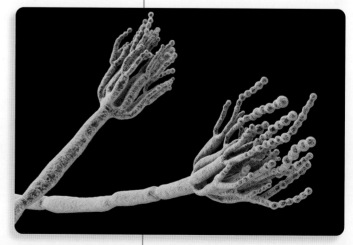

几年后，其他科学家发现了从霉菌中提取青霉素的方法。医生给一个病得很重的人注射青霉素，然后他的病情就好转了。之后，青霉素被广泛使用。现在许多细菌已经对青霉素产生抗药性，青霉素再也不能杀死它们了。

延伸阅读： 抗生素；细菌；药物；弗莱明。

在高倍显微镜下观察时，产生青霉素的霉菌看起来像一个小森林。绿色的"树梢"带有称为孢子的微小结构，霉菌通过孢子进行繁殖。

青少年

Adolescent

青少年是处于儿童向成年人转变的人生阶段的人。这个阶段通常从 10 岁开始，称为青春期。青春期通常持续到大约 18 ~ 21 岁。

在青春期，孩子的身体开始发生变化。这些变化被称为青春期发育，它们是由激素引发的，为人的生殖做准备。

在青春期，孩子们开始看起来更像成年人。青少年变得更高更重。男孩的声音变得更低沉，他们的脸上开始长出毛发。女孩的乳房开始发育。

在青春期，儿童在其他方面也发生着变化。他们开始像成年人那样思考，可以独立解决许多问题。

延伸阅读：痤疮；成年人；儿童；雌激素；激素；人体；青春期；性别；睾酮。

青少年和朋友在一起的时间通常要多于和成年人或者家人在一起的时间。这有助于青少年自我认同和独立意识的发展。

情绪

Emotion

情绪是对于特定事件或想法的一种感觉。情绪可以是愉快的或不快的。人们喜欢感受到如爱和幸福这样令人愉快的情绪，而试图避免感受到如孤独、担忧和悲伤这样令人不快的情绪。但是有时人们并没有完全意识到自己的情绪，一个人的情绪有时可能是愉快和不快的混合状态。

人们通常用面部表情来表达情绪，包括愉悦（左图）和愤怒（右图）。

许多人相信自己知道情绪是什么，但是心理学家对于可同时适用于人类和其他动物的情绪定义尚未达成一致。人类情绪与脑部许多区域以及其他身体器官都有关。

人们表达情绪的主要方式包括语言、声音、面部表情和肢体动作。例如，愤怒可能会使一个人皱眉、握拳以及大喊。一些表达情绪的方式是后天习得的，而另一些则是天生的，例如哭泣。

延伸阅读： 攻击性行为；行为；肢体语言；交流；抑郁；心理学；自杀。

雀斑

Freckle

雀斑是皮肤上浅褐色的小斑点，是黑色素局部聚集形成的小块。黑色素是表皮中的色素。表皮是皮肤的最外层。黑色素赋予皮肤颜色，当黑色素在一点积聚时，就会形成雀斑。

雀斑会随着阳光照射不断增加并且颜色加深。大多数雀斑出现在脸上和手上，但是人的任何部位都有可能长雀斑。

有雀斑的人通常皮肤白皙。他们应该避免强烈阳光照射，还可以用防晒霜保护皮肤。

延伸阅读： 表皮；黑色素；痣；皮肤；晒伤。

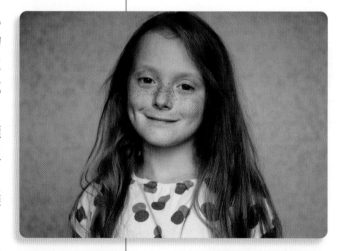

雀斑是皮肤上黑色素聚集形成的小块。黑色素是一种赋予皮肤颜色的色素。

染色体

Chromosome

染色体是生物细胞内的微小结构。在包括人类在内的许多生物中,染色体位于细胞核内。染色体看起来像一团线。

染色体中更小的部分称为基因。基因包含从父母传递给孩子的编码信息,这些信息决定了人体的生长情况。例如,基因包含决定眼睛和头发颜色、身高的编码。

不同种类的动植物的细胞具有不同数量的染色体。人体细胞含有 46 条染色体。其中,23 条来自母亲,23 条来自父亲。

延伸阅读: 细胞;脱氧核糖核酸;基因;细胞核。

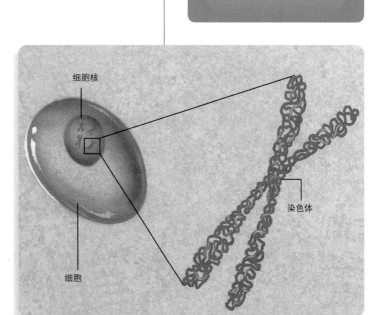

细胞核

细胞

染色体

人和其他许多生物的染色体都位于细胞核内。

人格

Personality

人格是使一个人的行为举止与另一个人不同的心理品质。对于心理学家而言,人格是研究人类行为的一个领域,包括动作、情感和思维过程。心理学家研究使个体彼此不同的行为模式。他们试图了解这些模式是如何发展、如何组织、如何变化的。

有一些事物有助于个人的人格发展。童年和社会经历、情绪反应、环境、学习和观察都会影响人格。一些人格模式从童年一直延续到成年。但是,由于新的经历和环境的变化,人格会持续发展。

延伸阅读: 行为;情绪;思想;心理学。

人工心脏

Artificial heart

人工心脏是一种取代人体自身心脏的装置。当一个人心脏严重受损时，医生会给他安装一颗人工心脏，人工心脏的放置位置与原心脏相同。

人工心脏包括两个由塑料和金属制成的泵。一个泵将血液输送到肺部以获取氧气——肺部从我们呼吸的空气中获取氧气；另一个泵将血液与氧气一起输送到身体的其他部位——身体的细胞利用氧气制造能量。

人工心脏必须与体外电池相连，电池向心脏输送能量以维持其工作。科学家正在努力研发一款所有部件都可放置在体内的人工心脏。

延伸阅读：生物技术；循环系统；心脏。

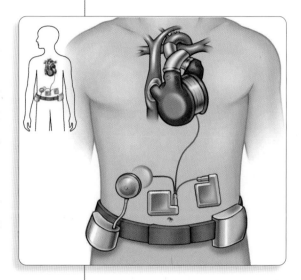

这种人工心脏使用电脑控制的电动机将血液泵入身体。能量传输系统不需要使用电线穿透皮肤即可为心脏供电。

人口

Population

人口是指居住在某个特定区域的总人数，这个区域可以是某个城市、某个国家或是全世界。人口总是在变动的，有时是因为移民迁入或迁出。出生人数与死亡人数的差值也

这幅地图展示了世界上不同区域的人口密度（每平方千米的人口数量），颜色越深，说明该地区人口密度越大。该地图还显示了世界上人口最密集的一些城市。

北美洲 纽约市 洛杉矶 墨西哥城 赤道 南美洲 圣保罗 里约热内卢 布宜诺斯艾利斯 欧洲 莫斯科 巴黎 伊斯坦布尔 亚洲 北京 东京 大阪 德里 重庆 上海 广州 马尼拉 卡拉奇 开罗 孟买 非洲 拉各斯 澳大利亚

人/平方千米
>100
50~100
10~50
1~10
<1

主要城市
● 居民超过 2000 万
○ 1000 万～2000 万居民

会影响某地人口。许多国家的出生人数大于死亡人数，因此人口在持续增长。

截至 2012 年，世界人口总数超过 70 亿。21 世纪初，世界人口数量以每年 1.2% 的速度在增长。专家认为，如果一直保持这一增长速度，世界人口将在 60 年后翻一番。

人口增长最快的地区是非洲和亚洲。亚洲还是人口密度最大的地区，人口最多的两个国家，中国和印度也在亚洲。

相比之下，北美和澳大利亚的人口增长速度相对较低。在 21 世纪初，欧洲的人口实际上在减少。

延伸阅读： 死亡；期望寿命。

人类

Human being

人类是人的总称。不同于其他生物，人类拥有高度发达的大脑，从而能够完成许多事情。人类使用语言彼此交流。人类可以学习，并与他人分享自己的学习成果。语言和学习使得人类社会形成文化。文化包括宗教信仰、艺术和政府等，也包括人类为满足需要而发明的工具及其制作工艺。繁荣发展的文化也使人类在所有生物中独一无二。

生物学家将生物分为很多类。人类属于哺乳动物这一大类。所有的哺乳动物都拥有脊椎、毛发、四肢和绝大多数时候都恒定的体温。哺乳动物也是唯一靠母乳哺育后代的动物。人类的学名是智人，在拉丁语中意为智慧的人类。智人首次出现于距今 20 万～10 万年前的非洲。

人类与大猩猩、黑猩猩和其他猿类关系很近。人类与猿类都拥有很好的视力，他们也都拥有纤长的四指和特殊的拇指，从而能够轻松拿起东西。但是人类的大脑至少是猿类的两倍。人类也能够依靠双腿

人类与大猩猩关系很近，但是两者在很多方面都不相同。人类依靠双足直立行走，而大猩猩则靠四肢行走；人类头部在脊柱正上方，而大猩猩的头部则悬在脖子和脊柱前端；人类脊柱有生理弯曲，而大猩猩的脊柱更直；人类胳膊较短、腿较长，而大猩猩胳膊较长、腿较短；大猩猩的脚可以抓握东西，而人类的脚则不能。

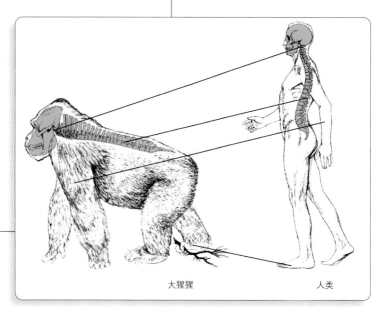

大猩猩　　　　　人类

直立行走。他们比猿类寿命更长，且生长更为缓慢。

　　科学家认为，人类是由还不完全属于人类的祖先经过数百万年的进化形成的。

　　大多数科学家认为最早的人类大约在 200 万年前出现于非洲，并称其为直立人。相比于他们的祖先，直立人能够制作和使用更多种类的石器。他们很可能是最早学会生火并使用火的人类。

延伸阅读： 人类学；穴居人；古人类；人体；史前人类。

科学家认为生活在约 200 万年前的直立人是最早的人类之一。

人类生殖

Human reproduction

人类通过有性生殖来繁衍后代。在有性生殖中，当精子与卵子结合时，一个新的个体开始形成，这一过程称为受精。在母体内，受精卵发育成胚胎，最终胚胎发育成胎儿，当胎儿发育完全时，它会从母体排出，这一过程称为分娩。

　　人类生殖是人类繁衍后代的方式。当精子与卵子结合时，一个新的个体开始形成，这一过程称为受精。

　　受精是怀孕的第一步，在怀孕期间，受精卵在女性体内发育成胎儿，怀孕过程大约持续 9 个月。

　　在怀孕初期，受精卵较小。很快受精卵发育成胚胎，随着时间推移，胚胎的细胞重新排列组合形成组织。组织由大量相似的细胞组成，不同种类的组织形成身体的不同部位。

　　到怀孕第 2 个月底，所有的主要脏器都已形成，包括心

胎儿的发育

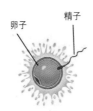

卵子　　精子

第 1 天，精子与卵子结合。

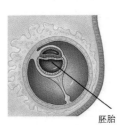

胚胎

第 13 天，胚胎中开始进行简单发育。

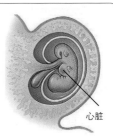

心脏

第 28 天，心脏开始跳动。

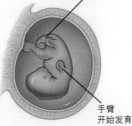

腿开始发育

手臂开始发育

第 35 天，手臂、腿和器官开始发育。

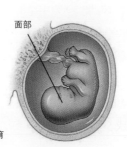

面部

第 49 天，面部开始形成。

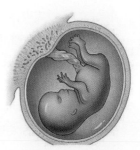

第 56 天，所有重要器官已发育完成，包括手指和脚趾。

脏和肺，这时胚胎已初具人形。在剩下的怀孕时间中，胚胎称为胎儿，当胎儿生长发育到可以在母体外存活时，新生婴儿就从母体中排出，此时怀孕就结束了。

延伸阅读： 婴儿；细胞；分娩；胚胎；受精；胎儿；多胞胎；怀孕；组织。

人类学

Anthropology

人类学是对人类进行科学研究的学科。它关注：人的身体特征；种族起源和发展；人们的文化、习俗和信仰。文化是人们作为群体成员学习和分享的一种生活方式。

人类学家研究人们的行为模式。他们建立理论并运用科学的方法来检验它们，研究、尝试理解不同的文化。

物理人类学家检查骨骼残骸。他们经常在犯罪、战争或自然灾害中帮助辨认人体遗骸。

人类学家有兴趣了解所有人类社会。他们研究所有文化中相似的行为，他们还研究文化的某些特征是如何相似和不同的。例如，现代社会的婚姻是一个男人与一个女人的结合，但是在世界上某些地方，婚姻有很大的不同。在一些地方，一个男人能与多个女人结婚；在另一些地方，一个女人能和几个男人结婚。

人类学家并不认为一种文化比另一种文化更好或更差，它们只是存在差异而已。在这种认知下，他们试图描述与自己有着不同风俗习惯的文化和社会。

人类学家还试图了解拥有共同文化的人如何看待自己的世界。人类学可以促进国际和谐，因为它有助于我们理解不同的文化。

人类学有几种不同的类型。一些人类学家关注过去的文明，另一些研究现在的文明。

物理人类学家研究人类之间的物理差异，包括血型、肤色和遗传疾病。他们还研究营养和环境如何影响人类的生长发育。

古人类学家寻找史前时期的化石。他们试图追溯人类的起源。

灵长类动物学家研究与人类关系最密切的动物，包括猿和猴子。这些科学家希望了解我们的史前祖先是长什么样的，他们也希望了解数百万年来人类是如何演变的。

考古学家研究史前人类留下的物品，包括艺术品、建筑物、服装、陶器和工具。这样的研究有助于人们了解早期社会生活可能是什么样的。

文化人类学家研究某种文化的艺术品、房屋和工具，同时也研究这种文化的音乐、宗教信仰、符号和价值观。

语言人类学家研究语言。他们研究不同社会语言的使用方式。

社会人类学家研究人类群体中的社会关系，包括婚姻、家庭生活、权力和冲突。他们研究人类社会是如何分成不同群体的。

延伸阅读： 考古学；米德；史前人类；科学。

人乳头瘤病毒

Human papillomavirus

人乳头瘤病毒的英语缩写为 HPV，是一种在人体内引起性传播感染的病毒。HPV感染是全球最常见的性传播疾病。有些感染引起生殖器疣或没有症状，还有一些与宫颈癌有关。宫颈癌是女性子宫下半部的细胞失控分裂。专家认为，几乎所有的宫颈癌都是由HPV 导致的。

医生可以通过 HPV 感染的症状来诊断，也可通过子宫颈抹片检查或专门的 HPV 检测来检测。HPV 感染是不能治愈的，但有时身体可能不经治疗就清除病毒。

2006 年，美国食品和药物管理局批准了一种能高效对抗 HPV 的疫苗，可用于预防宫颈癌。专家建议所有 11 岁或 12 岁的儿童接种 HPV 疫苗。

延伸阅读： 子宫颈抹片检查；性传播疾病。

人体

Human body

人体由许多部分组成，每部分都有不同的职责。当所有部分共同工作时，人体才能平稳运转。

所有物质，不论是生物还是非生物，都是由化学元素构成的。构成人体最主要的元素是碳、氢、氮和氧。

化学元素结合在一起组成分子，分子结合在一起形成细胞。身体中的每个细胞都可以摄入营养物质、排出废物、然后生长。大多数细胞还可以进行繁殖，或者是产生新细胞。许多不同种类的细胞，如血细胞、肌细胞、神经细胞，组成了人体。

细胞结合在一起形成组织。组织结合在一起形成器官。身体中每种器官都有一种特定功能。例如，耳朵就是一种让我们能够听见声音的器官。一组器官形成一个系统。人体就是由 10 个系统组成的。

人体最大的器官是皮肤。皮肤是人体的外层屏障。它通过将重要的液体保持在体内来保护身体，还可以防止病菌进入人体，还有助于将体温保持在正常水平。

骨骼系统由骨头和连接它们的组织组成。成年人有 200 多块骨头。骨骼是用来支撑身体并保护器官的框架。骨骼系统与肌肉一起使得身体能够活动。骨头相互连接的地方称为关节，关节（例如肘关节和膝关节）使身体能够自由活动。

肌肉系统使身体能够运动。体内近 700 块肌肉因收缩而移动。手臂、腿、脚趾和骨骼的其他部分通过附着在骨骼上的肌肉来移动，这些肌肉称为随意肌。其他肌肉称为非随意肌，可以自动移动。胃肠的肌肉就是非随意肌。

心脏是由一种叫作心肌的特殊肌肉组成的。当心脏肌肉舒张时，来自身体的血液进入心脏。当肌肉收缩时，它们再次将血液挤出。这种舒张和收缩的动作产生心跳。

人体就像一台复杂的仪器，所有的部分共同工作以使人体平稳运转。人体可以完成力与美的精彩表演。

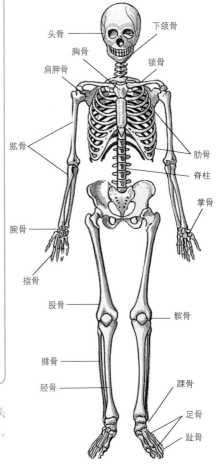

头骨
下颌骨
胸骨
肩胛骨
锁骨
肱骨
肋骨
脊柱
掌骨
腕骨
指骨
股骨
髌骨
腓骨
胫骨
踝骨
足骨
趾骨

骨骼是人体搭建的框架。它由超过 200 块骨头组成。在这幅图中，标示了一些骨头的通用名称。

消化系统是一组帮助人体消化食物的器官。食物在口中咀嚼和吞咽时开始消化。它穿过食管并进入胃。胃把食物搅拌成浓稠的液体，将其送入小肠。在那里，有用的物质进入血液，废物、水和矿物质进入大肠。大肠将大部分水和矿物质吸收入血液，将废物排出体外。

呼吸系统使我们能够呼吸。空气通过口鼻进入人体。它通过气管，进入肺部。肺部从空气中摄取氧气，并将其送入血液中。人类离不开氧气。肺部也会清除血液中的二氧化碳。

循环系统使血液流经全身。血液通过的管道称为血管。血液将营养物质和氧气运送到细胞中，并清除二氧化碳等废物。心脏将血液泵入肺部，在那里排出二氧化碳，并从空气中获取新鲜氧气。血液回流到心脏，再一次泵入体内。

泌尿系统将血液中的废物排出体外。血液流经肾脏，排出废物。废物形成尿液，尿液通过膀胱，经尿道离开身体。

生殖系统使人类生儿育女成为可能。男性在睾丸中产生精子，女性在卵巢中产生卵子。当精子和卵子结合在一起时，就形成受精卵，进而长成胎儿。胎儿在女性体内的子宫中发育。

内分泌系统由腺体组成。腺体产生调控身体活动的特殊化学物质，这些化学物质调控着生长、繁殖、营养物质的使

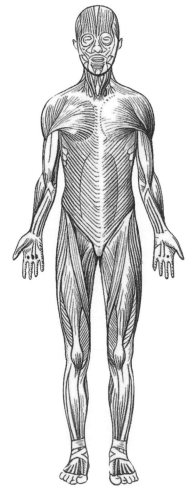

肌肉支撑并移动骨骼，赋予身体形状。肌肉系统由近 700 块肌肉组成，约占体重的 40%。肌肉通过收缩使身体活动。

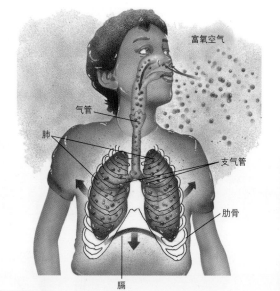

富氧空气

气管

肺

支气管

肋骨

膈

呼吸系统使身体能够呼吸。呼吸是人体从大气中吸入氧气，将二氧化碳释放到大气中的过程。

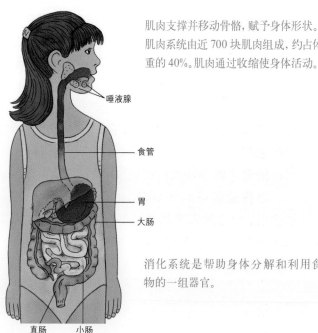

唾液腺

食管

胃

大肠

直肠   小肠

消化系统是帮助身体分解和利用食物的一组器官。

用和许多其他活动。

神经系统控制着所有其他身体系统的活动。它由将身体每一部分连接到脑部和脊髓的神经细胞组成。脑部和脊髓接收来自眼睛和耳朵等感觉器官的信息,对这些信息进行分类,告诉身体如何反应。神经系统的特殊部分将来自大脑的信息送至身体器官,这部分神经系统控制心跳、消化等活动。

延伸阅读: 循环系统;消化系统;腺体;肌肉;神经系统;人类生殖;呼吸;骨骼;皮肤;组织;泌尿系统。

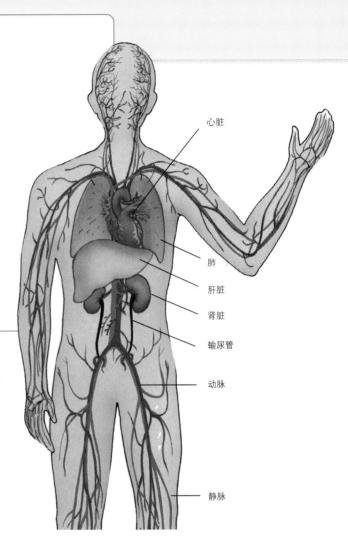

心脏
肺
肝脏
肾脏
输尿管
动脉
静脉

循环系统主要由心脏和血管组成。这些血管(如动脉、静脉和毛细血管)将血液输送到全身。

韧带

Ligament

韧带是连接骨与骨之间或支持内脏、富有坚韧性的纤维带。

韧带可能会撕裂或扭曲,称为韧带损伤。

受伤的韧带愈合缓慢。治疗韧带损伤可采用绷带或夹板,严重的韧带损伤甚至需要手术治疗。完全断裂的韧带可能永远无法愈合。

延伸阅读: 骨;软骨;关节;肌肉。

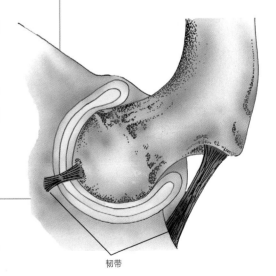

骨头由坚韧的韧带连接在一起。

韧带

肉毒中毒

Botulism

肉毒中毒是一种由肉毒杆菌引起的食物中毒。肉毒杆菌通常生活在土壤等没有空气的地方，有时会进入储存食物的罐子里。如果密封的罐子里没有空气，肉毒杆菌就能存活。这种细菌在生长时释放出一种毒素进入食物，食用这种食物的人可能会患重病。现代食物储存方法中很少发生肉毒中毒。

肉毒中毒会影响神经，引起肌肉松弛麻痹，特别是呼吸肌麻痹。肉毒中毒的人在没有得到治疗的情况下可能会窒息而死。医生可以使用某些药物来对抗这种毒素。

医生还会使用少量肉毒毒素（商品名保妥适）来松弛面部肌肉，这可以改善皮肤的皱纹。保妥适还可以用来治疗偏头痛和其他一些疾病。

延伸阅读： 细菌；食物中毒；食品保存；肌肉；神经系统；呼吸。

乳房

Breast

乳房是为婴儿制造乳汁的器官。人类有两个乳房，但只有成年女性的乳房才能产奶。

女性的乳房在 10～12 岁左右开始发育，一直发育至 16～18 岁。当一个女人怀孕时，乳房中的腺体会变大。婴儿一出生，母亲体内的激素就启动哺乳过程。母乳中含有婴儿所需的所有物质。

乳腺癌是女性最常见的癌症。如果能及早发现，乳腺癌能更容易治愈。可以通过乳房 X 射线检查来诊断乳腺癌。

延伸阅读： 婴儿；乳腺癌；分娩；腺体；怀孕。

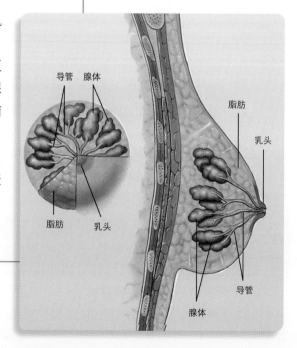

女性乳房主要由脂肪组织构成。婴儿出生后，母亲乳房中的特殊腺体会分泌乳汁，乳汁通过导管输送到乳头。

乳突骨

Mastoid bone

乳突骨是头骨的一部分。它实际上不是一块单独的骨头，而是颞骨的一部分。头骨两侧各有一块颞骨。

乳突骨是耳后方和下方坚硬的区域。它是多孔的，就像一块海绵。孔（空腔）称为乳突小房。人的乳突小房大小和数量不一。乳突小房与一个大的开口或空腔相连，这个腔体通向中耳。中耳感染可波及乳突骨，导致乳突炎。

延伸阅读： 骨；耳；耳部感染；头骨。

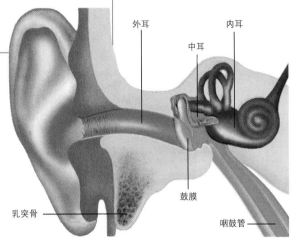

乳突骨是耳后方和下方坚硬的区域。

乳腺癌

Breast cancer

乳腺癌是一种乳腺组织疾病。患乳腺癌的人，乳房中的细胞不受控制地增殖。乳腺癌可致命，是美国和许多其他地区女性中最常见的癌症。女性患乳腺癌的概率随着年龄的增长而增加。大多数患乳腺癌的女性年龄在 50 岁以上。如果近亲患有乳腺癌，则该女性患乳腺癌的风险会更高。少数男性也会得乳腺癌。

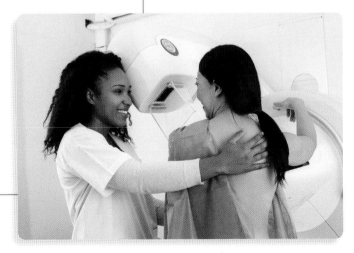

医生用乳房 X 射线检查来检查女性是否患有乳腺癌。

乳腺癌通常在乳房中形成无痛性肿块。医生使用乳房 X 射线检查来检测肿块。乳房 X 射线检查可以在肿块被明显察觉前就检测到它，其他检查可以显示癌症是否已经扩散到身体的其他部位。如果已经扩散，乳腺癌会更加严重。

医生可以通过手术切除肿块来治疗乳腺癌，然后用放射疗法来杀死残留的癌细胞。如果肿块很大，医生可能会切除整个乳房。他们会使用特殊药物防止癌症复发，这种被称为化学治疗的方法可以杀死任何残留的癌细胞，从而降低癌症复发的可能性。

当乳腺癌扩散到身体的其他部位时，医生无法治愈这种疾病，但是可以用药物来控制癌症。

延伸阅读：乳房；癌症；疾病；化学治疗；药物。

软骨

Cartilage

软骨是人和脊椎动物体内一种青白色的有弹性的组织。

软骨位于长骨的末端，通常在椎骨之间，也存在于耳朵、鼻子和呼吸道中。软骨帮助骨骼减缓冲击，也可防止骨骼的互相摩擦。另外，软骨也为耳朵和呼吸道构建了一个坚韧而富有弹性的架构，并防止它们的开口处塌陷。

在脊椎动物中，软骨骨架在出生之前就已经形成。一些脊椎动物，如鲨鱼、七鳃鳗和盲鳗类，会在一生中都保留软骨骨架。但对于其他绝大部分的脊椎动物，软骨骨架会在生长中慢慢被骨骼取代。

延伸阅读：骨；膝盖；韧带；骨骼；脊柱。

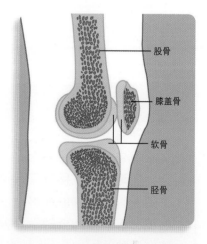

股骨

膝盖骨

软骨

胫骨

膝盖处的软骨可以减缓冲击并防止骨间摩擦。

散光

Astigmatism

散光是一种视力问题，它使附近和遥远的物体看起来都很模糊。散光通常是由角膜形状的缺陷造成的。角膜是眼睛前方的透明覆盖物，光线通过角膜进入眼睛。正常的角膜形状像半个足球，光线透过它并聚集在视网膜上，视网膜是眼睛后部的光敏区域。在常见的散光中，角膜不够圆。因此，光线不能全部在视网膜上聚集，一些光线在到达视网膜之前就会聚了，而其他光线在到达视网膜之后才会聚。

眼镜或隐形眼镜可以矫正散光，消除视物模糊。在某些情况下，手术或激光治疗可使角膜形状变圆。这些治疗都可以减轻或消除散光。

延伸阅读： 隐形眼镜；角膜；眼睛；眼镜；视觉。

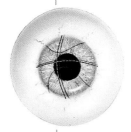
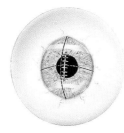

散光通常是由于角膜形状缺陷而引起的。正常的角膜呈篮球状（左图）。散光患者的角膜形状更像橄榄球（右图）。

色盲

Color blindness

色盲是指无法区分某些或所有颜色的色觉障碍。人能看到颜色，是因为特殊的视觉细胞，这些细胞称为视锥细胞，位于眼球后部。具有正常色觉的人拥有三种视锥细胞，每种都能感知不同颜色的光。色盲患者会缺少一种、两种或全部视锥细胞。

大多数色盲患者只能看到黄色和蓝色，无法区分红色和绿色。他们还会将红色或绿色与一些黄色混淆。一小部分色盲患者无法区分所有颜色，这些人只能看到白色、灰色和黑色——有点像黑白照片。

正常人看到的彩色气球（右图）与色盲患者看到的大不相同（左图）。

色盲患者中男性比例多于女性，色盲无法治愈。许多色盲患者并没有意识到他们是色盲。

延伸阅读： 眼睛；感知；视觉。

医生使用特殊颜色的图片来测试病人是否患有色盲。

沙门氏菌病

Salmonellosis

沙门氏菌病是一种常见的食物中毒，通常是由沙门氏菌感染引起的。人们通过摄入含有沙门氏菌的食物和水感染沙门氏菌病。大多数情况下，人们从被污染的禽肉、牛奶、鸡蛋和鸡蛋制品中感染沙门氏菌。其他类型的沙门氏菌可引起其他传染病。例如，沙门氏伤寒杆菌能引起伤寒。

沙门氏菌病通常引起肠道疾病。细菌通过释放毒素引起疾病的症状，毒素引起小肠分泌流体，导致腹泻。沙门氏菌病的症状还包括恶心、腹痛和发烧。

大多数患沙门氏菌病的成年人在 2～5 天内康复，患病的婴儿和老人的症状可能更严重并且持续更长时间。严重时需要用抗生素治疗。人们可以通过低温冷藏食物、彻底加热可能带菌的食物以及饭前仔细洗手来预防沙门氏菌病。

延伸阅读： 细菌；疾病；食物中毒；食品保存；肠；毒素；伤寒。

人们通过摄入被沙门氏菌污染的食物或水感染沙门氏菌病。鸡肉和其他禽肉在加工过程中也可能被污染。

晒伤

Sunburn

晒伤可以使皮肤疼痛性肿胀和发红。当皮肤被阳光直射太久就会发生这种情况。晒伤轻微时，皮肤会轻度发红；晒伤严重时，皮肤起泡，呈鲜红色。严重的晒伤会引起发冷、头晕、发烧和虚弱。

UV 指数	阳光强度	无保护情况下晒伤所需时间
0～2	极低	经常晒伤的人30分钟，很少晒伤的人120分钟
3～4	低	经常晒伤的人15～20分钟，很少晒伤的人75～90分钟
5～6	中	经常晒伤的人10～12分钟，很少晒伤的人50～60分钟
7～9	高	经常晒伤的人7～8分钟，很少晒伤的人33～40分钟
10～15	极高	经常晒伤的人4～6分钟，很少晒伤的人20～30分钟

资料来源：美国国家气象局

来自太阳的紫外线（UV）导致晒伤所需的时间取决于阳光强度，有时通过UV指数和个体皮肤类型来衡量。

晒伤的严重程度取决于阳光的强度和晒太阳的时间长短。在夏天，阳光最强烈，尤其是中午时分。

人们可以通过遮盖皮肤或使用有助于遮挡阳光的乳液来避免晒伤。

延伸阅读： 烧伤；皮肤癌。

疝气

Hernia

疝气是由体内某个器官的一部分向身体某处膨出导致的一种疾病。许多器官，例如肺、心脏和小肠，都位于体内某些空腔中。有时这些空腔的壁被破坏，相应器官的一部分就会从这里膨出，这就是疝气。

最常见的疝气是腹疝，此时一部分肠道通过腹部肌壁向外膨出。腹疝有时由举起重物、用力拉物或其他损伤造成。随后腹部肌肉可能会收缩并压迫膨出的肠道，导致疼痛和损伤。一种被称为疝气带的支撑服可以帮助将肠道推回腹壁，但是疝气必须通过手术才能根治。

延伸阅读： 腹部；肠。

膳食纤维

Dietary fiber

　　膳食纤维见于植物性食物中，例如谷物、大米、豆类、蔬菜和水果。膳食纤维是膳食中必需的部分。人类不能消化膳食纤维，但是牛、羊和其他草食动物可以。人类需要膳食纤维帮助增强肠道功能和处理废物。

　　人们摄入的膳食纤维大多数是由纤维素组成的。纤维素组成了植物细胞壁的一部分，它不能被人类消化系统分解。当它在肠道中移动时，未消化的膳食纤维就可以将其他废物"打包"起来，帮助食物通过消化系统，随后这些废物就被排出体外。摄入高膳食纤维食物可以让机体更轻松高效地去除废物。高膳食纤维食物也是低热量的。

　　延伸阅读： 饮食；消化系统；食物；肠。

富含膳食纤维的食物包括：水果、坚果、叶菜、谷物和豆类。

伤寒

Typhoid fever

　　伤寒是一种导致发热、虚弱、甚至死亡的疾病，曾在城市中常见。但随着卫生条件的改善，该病已不太常见。如今，在现代卫生条件较好的地区，伤寒十分少见。

　　伤寒是由细菌引起的。伤寒患者通过他们的粪便和尿液传播细菌。如果没有良好的卫生条件，细菌就会进入食物或饮用水中。伤寒带菌者也可传播伤寒，这些人不发病，但他们的粪便和尿液会释放病菌。

　　人们因摄入不洁的食物或水而感染伤寒。伤

伤寒通过被污染的食物和水传播。食物的洗涤有助于预防常见的疾病。

寒的症状通常在感染 1 ~ 3 周后出现，多数病例持续 4 周左右。

预防伤寒最好的方法是良好的卫生习惯和公共卫生。疫苗可以提供一定的保护，它通常用于那些生活在伤寒高发国家或去这些国家旅行的人。医生使用抗生素治疗伤寒。

烧伤

Burn

烧伤是由热、辐射或化学物质引起的损伤，是最严重和最痛苦的伤害之一。烧伤可以通过不同的方式造成，火、高温液体、电流、太阳以及一些化学品都能使皮肤烧伤。严重的烧伤甚至可以危及生命。

烧伤按照对皮肤的损伤程度可分为三种类型：一级烧伤只表现为皮肤变红，例如轻微晒伤等；二级烧伤会在皮肤上形成水疱，通常是由于接触高温液体、物体，或是短暂暴露于火焰中所致；三级烧伤是一种毁坏皮肤的深度烧伤，是最严重的烧伤类型。

当遭遇一级烧伤时，可以在患处敷冷水以缓解疼痛。但二级或三级烧伤的病人必须立即就医。治疗严重的烧伤可能会花费很长的时间。

延伸阅读： 真皮；表皮；火；植皮术。

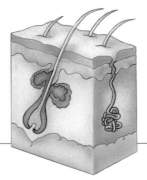

正常的皮肤

二级烧伤

烧伤根据对皮肤及其下层组织的损伤程度进行分类。三级烧伤是最严重的类型。

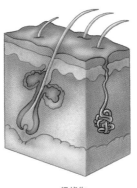

一级烧伤

三级烧伤

舌头

Tongue

舌头是帮助感受味觉、咀嚼、吞咽和说话的人体器官。它是由肌肉组成的。这些肌肉让你以不同的方式移动你的舌头。舌头可以帮助你在口腔中移动食物并清洁口腔。当你说话时，舌头会帮助你发音。

舌尖有隆起，称为舌乳头，它们使舌头的上表面粗糙。舌乳头中的味蕾能帮助你分辨出甜味、酸味、咸味和苦味。

舌尖有许多称为触觉器官的神经细胞簇，因此舌尖比身体的任何其他部位都能更好地感觉事物。

延伸阅读： 消化系统；食物；口腔；味觉；触觉。

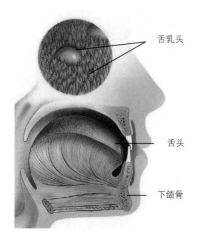

舌头由肌肉组成。舌头的上表面有微小的隆起，称为舌乳头。

舌乳头

舌头

下颌骨

社会生物学

Sociobiology

社会生物学是用生物学的观点来解释社会行为的科学分支。社会生物学家会研究动物的行为，以了解为什么人们会以某种方式行事。

社会生物学家试图通过研究基因的影响作用来理解社会行为。基因决定着每一个生物将如何生长，所有生物都将基因遗传给后代。理解基因的影响作用有助于解释令人费解的行为。

例如，一位社会生物学家可能会问为什么工蜂会通过蜇刺来保护它们的蜂巢。当蜂蜇伤攻击者时，它就会死亡。动物通常不会为了拯救其他动物而牺牲自己，但在这种情况下，牺牲有助于保护蜂后，它是所有工蜂的母亲，和工蜂共享许多基因。因此，工蜂会牺牲自己确保它们的基因得以遗传。人类也为了保护他人而牺牲自己，人们更有可能为他们的近亲做出这样的牺牲。社会生物学家认为，这样的行为表明了基因的影响作用。

延伸阅读： 行为；生物学；基因。

身体健康

Physical fitness

身体健康就是拥有强壮、健康的身体，有助于人们保持最佳状态。

一个人可以做弯曲、伸展、奔跑、跳跃、攀爬等动作，这类动作做得越多，身体就会更强壮也更健康，拥有良好的耐力、力量和柔韧性。

耐力指拥有足够的精力，能够长时间坚持做某件事。耐力的提升需要时间，有规律的锻炼是提升耐力的最佳方式。

力量意味着拥有强壮的肌肉和骨骼，人们可以通过三种方式来提升肌肉和骨骼的力量：一是定期锻炼，二是保持适当的休息与睡眠，三是摄入多种健康食品。

肌肉和身体的其他部位一样，需要锻炼才能生长。锻炼使肌肉变得更大，能更好地发挥作用。强壮的肌肉可以使一个人做更多运动而不会太快感到疲惫，也会使人拥有坚实的手臂和腿。

柔韧性意味着能够轻易地弯曲和移动身体，小孩子的柔韧性很好，因为他们的肌肉和其他身体部位都具有弹性。老年人柔韧性较差，他们可能需要做一些弯曲身体的锻炼来保持柔韧性。

弯曲和伸展运动可以帮助我们保持身体的柔韧性，还可以使我们的肌肉变得强壮，让我们感到放松。身体柔韧性好的人可以轻易地做弯曲、伸展、扭动等运动。

为了保持身体健康，我们需要吃多种健康食品。我们需要新鲜的水果和蔬菜、低脂牛奶、面包、米饭、面食、鱼以及瘦肉。油炸食品和甜食不会像健康食品一样促进我们的身体健康，所以我们应该少吃这类食品。

大多数学校都会安排体育课来帮助孩子们养成健康良好的运动习惯。学校每天应该至少提供 20 ~ 30 分钟运动时间，好的学校还会提供团体运动和健康课程。

对于成年人，健康专家向他们推荐了两种锻炼方式，一

跑步是保持身体健康的好方法。

体育课是孩子们保持身体健康的重要途径，大多数学校每天会给孩子们提供 20 ~ 30 分钟的锻炼时间。

种是轻度锻炼，包括骑自行车、慢走或是园艺；另一种是有氧运动，它会使人的呼吸比平时更深入。健康专家建议，每周至少有 5 天进行 30 分钟或以上的轻度锻炼，或者每周进行 3 ～ 5 次 20 分钟或以上的有氧运动。

延伸阅读：运动；食物；健康；肌肉；姿势。

神创论

Creationism

神创论是一种关于世界如何产生的理论。它认为是神直接创造了一切。神创论者中有许多基督徒，他们的信仰基于圣经对创世的描述。

神创论者的信仰也有所不同。严格的神创论者相信圣经中神创万物的说法，他们相信上帝在几千年前创造了宇宙，相信上帝在六天内创造了所有生命。另一些神创论者认为宇宙可追溯到数百万或数十亿年前，但他们又相信人类是数千年前创造的。但所有神创论者都认为，自被创造以来，每个物种都保持不变——他们不相信一些物种是从其他物种进化演变过来的。科学神创论者认为神创论是有科学依据的。

许多神创论者相信是上帝创造了世界以及世界上的一切生物，这些生物从古到今是一成不变的。

神创论者反对进化论。进化论认为，一种生命形式通过进化最终发展成今天所见的数百万种物种。几乎所有的科学家都接受了进化论，他们认为地球大约在 45 亿年前形成。大多数不是神创论者的基督徒也接受进化论，他们之中许多人相信是上帝引导了进化的过程。

许多基督徒的神创主义信仰源于乌瑟(James Ussher)的作品。乌瑟是爱尔兰教会的大主教。在 17 世纪 50 年代，他根据圣经人物的生平制定了时间表。乌瑟认为上帝在公元前 4004 年创造了这个世界。自从乌瑟时代以来，神创论引发了宗教和政府领导人之间的多次激烈辩论。

延伸阅读：达尔文；进化；物种。

神经病学

Neurology

神经病学是研究和治疗肌肉和神经系统疾病的医学分支。神经系统包括脑、神经和脊髓。脊髓从脑部沿着脊柱内侧向下延伸。

如果患有头痛、瘫痪、颈部或背部疼痛等疾病时，人们可能会去看神经科医生，也可能因为阿尔茨海默病、多发性硬化以及帕金森病等疾病去看神经科医生。如果大脑或神经出了问题，这些疾病就可能发生。

医生会使用各种技术来了解问题所在。其中之一是磁共振成像。医生还会检查患者的视力、听力、力量以及协调性。此外，医生可以检查患者对触摸、疼痛以及温度的反应。在收集到所有有用信息后，医生就可以使用药物、物理疗法或通过手术治疗患者。

神经科医生与其他医生共同检查患者脑部的磁共振成像扫描。他们将共同制定患者的治疗计划。

延伸阅读： 中枢神经系统；磁共振成像；医学；神经系统；脊柱。

神经系统

Nervous system

神经系统能够帮助身体所有部位协同工作。几乎所有动物都有神经系统，在人类及其他脊椎动物中，脑、脊髓和神经构成了神经系统。

神经系统由数十亿个名为神经元或神经细胞的特殊细胞组成。由神经纤维及其结缔组织被膜构成的索状结构称为神经，神经构成网络通路，可以在体内快速传递信息。来自周围环境的信息沿着这些通路传送到脑部，然后脑部将指令沿其他路径传达到肌肉，指导肌肉活动。我们所有的动作、

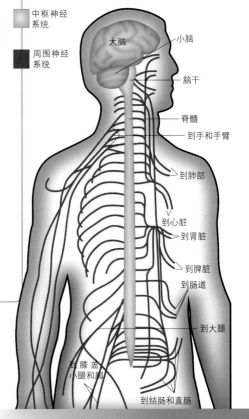

中枢神经系统

周围神经系统

大脑　小脑

脑干

脊髓

到手和手臂

到肺部

到心脏

到肾脏

到脾脏

到肠道

到大腿

到膝盖小腿和脚

到结肠和直肠

人体神经系统帮助身体所有部位协同工作。中枢神经系统（黄色）由脑和脊髓组成。周围神经系统（红色）传递中枢神经系统和身体其他部分之间的所有信息。

感觉、思想和情绪都是通过神经系统作用产生。呼吸、消化和心跳也取决于神经系统。

　　脑和脊髓构成中枢神经系统。中枢神经系统就像控制身体并使身体各部位协同工作的主计算机。脑中负责指挥听觉、视觉、触觉、思维、语言和情感的部分称为大脑；负责控制平衡和肌肉运动的部分称为小脑。位于脊柱顶端的脑干有助于调节平衡、血压、呼吸和心跳，脑干还将信息从脑的一个部分传递到另一部分。

　　周围神经系统传递中枢神经系统和身体其他部分之间的所有信息。自主神经系统是周围神经系统的一部分，控制呼吸和消化。

　　延伸阅读： 肌萎缩侧索硬化症；脑；中枢神经系统；小脑；大脑；多发性硬化；麻醉剂；神经病学；瘫痪；昏睡病。

神经性厌食症

Anorexia nervosa

　　神经性厌食症是一种精神疾病，表现为进食太少，患者会变得很瘦。神经性厌食症多见于十几岁的女孩和年轻女性。

　　厌食症患者吃的食物不足以补充身体所需的维生素和矿物质，这可能会导致严重的健康问题。

　　厌食症患者可能需要入院治疗。有些药物可以缓解症状，但医生需要和他们交谈，以了解他们为何不吃东西。

　　一些医生认为厌食症患者通过节食避免体型向成年人转变，另外一些专家认为他们停止进食是为了引起他人的注意。厌食症患者可能对自己的身材不满意。大多数患者经及时治疗可以治愈，然而在某些情况下，这种疾病是致命的。

　　延伸阅读： 贪食症；进食障碍；食物；精神疾病。

神经性厌食症患者可能会变得很瘦，但他们还是觉得有必要去减肥。

肾上腺

Adrenal gland

肾上腺是形似小金字塔的身体器官。人体有两个肾上腺，分别位于每个肾脏的上方。

肾上腺分泌激素。其中一些激素有助于身体应对压力，另一些激素有助于身体利用食物和调节肾脏功能。

肾上腺素可帮助身体应对突如其来的压力。当一个人生气或受到惊吓时，肾上腺会向血液中释放大量的肾上腺素。肾上腺素可引起身体的改变，从而做好抵御或逃跑的准备。

肾上腺也可分泌性激素，这些激素有助于调控男孩和女孩进入青春期后的身体变化。

延伸阅读： 腺体；激素；肾脏；性别；应激。

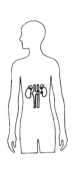

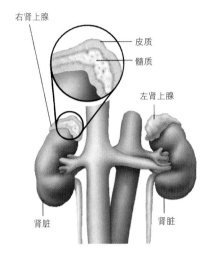

肾上腺由髓质和皮质组成。每部分分泌不同的激素。

肾脏

Kidney

肾脏是人和高等脊椎动物的泌尿器官，左右各一。其最重要的功能是产生将废物带出体外的尿液。如果因意外或疾病失去一个肾，另一个会变大，并完成两个肾的工作。如果失去两个肾或两个肾都受损，人体内就会积存毒物，导致死亡。许多肾脏受损的人靠透析机维持生命，它代替了肾脏的工作。有人做了肾移植，又有了一个健康的肾脏。

人类的肾脏看起来像紫褐色的芸豆，有成人的拳头大小，位于腹后壁腰椎两旁。

延伸阅读： 膀胱；血液；尿液；泌尿系统。

肾脏清除血液中的废物，产生将废物带出体外的尿液。

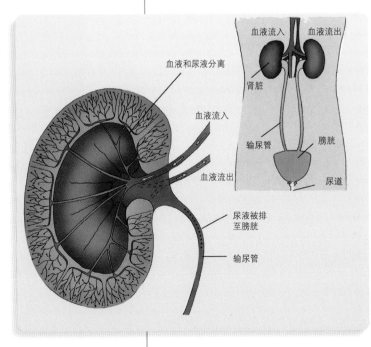

生理学

Physiology

生理学是研究生物功能的学科。小到细胞，大到人体，都在生理学家的研究范围内。生理学家研究生物的各个部分和器官如何协同合作，例如，他们研究肌肉如何工作，神经如何传递信号。

医生和其他人研究生理学是为了弄明白人体的正常机能，这能帮助他们了解身体出现问题时会发生什么。例如，对循环系统进行研究有助于医生了解并治疗心脏病、中风和高血压。

延伸阅读： 生物学；人体；巴甫洛夫。

生命

Life

生命是所有生物共有的特殊状态。人们一般都认为，把生物与非生物区分开来很容易。一只蝴蝶、一匹马、一棵树显然是活着的。自行车、房子、石头显然是没有生命的。如果某物能够进行生长、繁殖等活动，人们就会认为它是活的。

世界上有数以百万计不同种类的生物，其中许多生物似乎没有共同之处。例如，细菌太小，没有显微镜就看不到，而红杉和蓝鲸就非常大。

这个人和这些植物都是生物。生物具有一定的特性。岩石和水都没有生命。

尽管存在差异，但所有生物在某些方面都是相似的。生命的基本单位是细胞。细菌等生物只有一个细胞，动植物则有数十亿甚至数万亿的细胞。

所有生物都能繁殖。也就是说，他们可以制造更多的同类。一些生物通过分裂成两部分来繁殖，细菌以这种方式繁殖。人类和其他动物通过结合来自父母的细胞进行繁殖。特殊的性细胞结合形成胚胎，胚胎可以发育成新的个体。

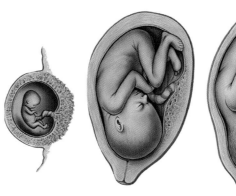
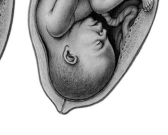

所有生物都会生长。人类的生命始于一个小小的受精卵，在母亲怀孕期间迅速成长，然后出生。人类要成长 20 年左右才能成为成年人。最终，人类和其他生物都会死去。死亡使新生物得以成长。

所有生物都会繁殖和生长。人类的生命从母体内的单个细胞开始。在怀孕期间迅速成长为胎儿。胎儿经过约 9 个月的生长发育后出生。

生物必须利用能量来生存。植物通常从太阳中获取能量。它们利用阳光中的能量制造糖类，这个过程叫作光合作用。植物利用糖类生存和生长。动物从植物中获取能量，大多数人通过取食植物和动物来获得能量。

很多生物四处迁徙，另一些生物则在一个地方定居。生物也会对周围环境的变化做出反应。例如，人类会躲避恶劣天气。

大多数科学家认为，生命是通过海洋中的自然化学过程产生的。科学证据表明，最初的生命形式出现在大约 35 亿年前。这种单一的生命形式是当今所有生物的祖先。

进化论描述了生物是如何长期变化的。进化描述了单一的生命形式何以能发展为今天如此丰富多样的生物。

延伸阅读： 生物化学；生物学；细胞；死亡；胚胎；进化；期望寿命。

生物反馈

Biofeedback

生物反馈是学会控制某些身体功能的一种方式，这些功能包括血压、体温和心跳。通常，部分神经系统会自动控制这些功能。生物反馈教会人们有意识地控制它们。有时，由于意外、中风或脑损伤，人们无法再控制某些肌肉。通过生物反馈，他们可能学会再次控制肌肉。

生物反馈为人们提供他们希望控制的功能的信息或反馈。例如，人们通常不会感受到血压的变化。如果他们想有意识地降低血压，他们无法知道这是否有效。在生物反馈中，人可能与一台测量血压的机器相连。如果血压低于某一水平，机器就会发出声音，这个声音告诉人们他们的血压在什么时候下降了。通过反复练习，人们就可以学会控制自己的血压。

生物反馈可用于治疗高血压、头痛和肌肉痉挛等疾病，还可以帮助人们学会控制压力。

延伸阅读： 血压；头痛；心脏；神经系统。

生物化学
Biochemistry

生物化学是研究生物体内化学过程的学科。化学物质在生物体内的所有活动中都发挥着作用：植物通过化学过程将太阳光的能量转化为营养物质；动植物都利用化学过程将营养物质转化为能量。生物化学家研究这些以及许多其他化学过程。

生物化学家也研究化学物质本身。生物体内的化学物质以化合物的形式存在。化合物是由多种化学物质组成的，有些化合物极其复杂。生物化学家通过研究这些化合物以了解其组成和结构，这有助于科学家了解化合物是如何维持生物生存和生长的。

生物化学研究可应用于很多方面。例如，它帮助医学专家找到治疗疾病的方法，也可帮助农民种植出更好的作物。

延伸阅读：生物学；生命。

一位生物化学家正在实验室工作，研究生物体内的化学过程。

生物技术
Biotechnology

生物技术专家在实验室工作，生产实验性疫苗。

生物技术是指用技术来改造生物。例如，科学家会通过改造细胞或细胞的某些部分来制造药物。细胞是生命的基本单位。

基因工程是最重要的生物技术之一。基因是细胞内的化学指令，告诉细胞如何制造身体所需的物质。在基因工程中，科学家通过改变基因或将其从一种生物转移到另一种生物来制造

有用的东西。

科学家利用基因工程制造了许多药物，还用它来改良农作物的种子。此外，还可以应用基因工程来改变食物中的基因，延长其保质期。

延伸阅读：生物学；生物医学工程；细胞；药物；遗传学。

生物学

Biology

生物学是研究生物的学科。地球上有数百万种不同的生物，从微小的细菌到巨大的鲸，还有各种树木。

生物和非生物是不同的。所有的生物都可繁殖，也会生长。它们能对周围环境的变化做出反应。例如，随着冬天的临近，许多树开始落叶，许多鸟飞向南方过冬。岩石是无生命的，它不会繁殖、不会生长、不会对周围环境的变化做出反应。

动物学家是研究动物的生物学家。在这幅图中，两位动物学家在检查一只北极狐幼崽是否健康。

生物学家有很多种。医学研究者研究人体，他们试图了解疾病和其他健康问题产生的原因，他们的研究有助于改善人们的健康。动物学家研究动物的行为、生长和繁殖方式；还研究不同种类的动物间是如何关联的。植物学家研究植物。生态学家研究不同种类的生物如何在一个地区共同生活，研究一种生物的变化如何影响其他生物体。

其他学科有时会与生物学相结合。生物学和化学的结合叫作生物化学，生物化学家研究生物体内发生的化学反应。生物学和天文学的结合称为天体生物学，天体生物学家寻找其他行星上的生命。

生物学家使用许多不同的工具和方法。显微镜是他们最重要的工具之一，可以帮助他们看到那些肉眼无法看到的微小物体。

许多生物学家需要做实验。在一些实验中，生物学家会改变对动物有影响的某些事物，然后观察动物发生了什么变化。例如，生物学家会改变老鼠进食的食物种类，看看这会如何影响其生长。这些研究可以帮助生物学家了解饮食的变化会如何影响人们的健康。

海洋生物学家研究海洋中的生物。这位海洋生物学家正在研究鱼类。

生物学使人们的生活更美好。生物学家已经研发出许多治疗疾病的方法，他们研究出如何通过手术和其他方法来修复人体的损伤。一些生物学家培育出改良的牲畜品种，从而获得更多的肉类。另一些生物学家也培育出改良过的农作物品种，帮助农民种植更多的农作物。生物学家还发现了控制动物虫害数量的方法，帮助人们生产更多的粮食，还可保护人们免受传播疾病的动物的侵害。

生物学家也研究如何更好地保护环境。人们依靠环境获取食物、水和空气。

延伸阅读： 农业；生物化学；生物医学工程；生物技术；疾病。

显微镜是生物学家最重要的工具之一。

生物医学工程

Biomedical engineering

生物医学工程是指利用工程技术来解决生物学和医学中问题的一门应用学科。工程师运用科学原理来设计各种结构、机器和产品，生物学对生物进行研究。一些生物医学工程师帮助发现和解决医学问题，一些设计手术中使用的器具，还有一些与医生合作开发新的医疗技术。生物医学工程师在研究实验室、政府办公室、医院和医疗用品制造公司工作。

很多生物医学工程师设计仪器分析身体产生的信号，从而检查病人的健康状况。另一些生物医学工程师就像研究机器一样来研究人体，这有助于他们设计假肢、人工心脏和其他身体部位的人工替代品。

一些生物医学工程师开发可用于人体内的材料，用来制作人工关节或固定骨折的钢钉。这种材料不会随着时间的推移而腐蚀或损害周围的肌肉。

延伸阅读：人工心脏；假肢；生物学；生物技术；医学。

生物钟

Biological clock

生物钟是生物体内的一种自然计时系统。人类和几乎所有动物都有生物钟。

生物钟控制着生物体内功能和生命进程的节奏，以天、周、月甚至年为计时单位。生物钟使生物的活动与周围环境的变化规律保持一致。

生物钟告诉人体何时睡觉、起床或者做其他事情。生物钟遵从周围环境的变化规律，特别是昼夜交替。

延伸阅读：新陈代谢；睡眠。

人类有生物钟。它告诉人们何时入睡和起床。

声带

Vocal cord

声带是人产生声音的身体部位，是两个横跨喉部的小褶皱组织，在气管开口的两侧。声音是在空气通过声带时产生的。

喉部的肌肉拉扯和放松声带。当我们呼吸时，声带松弛，形成一个V形开口，让空气通过。当我们说话时，肌肉拉扯声带，缩小开口。然后，当我们使肺部的空气通过喉部时，空气使收紧的声带振动，产生声音。

声带拉得越紧，声音就会越高。反之亦然。

声带的长度也会影响发音。女人的声音通常比男人高，因为她们的声带比较短。

用力发声会影响声带和由此产生的声音。声带和嗓音也会因紧张引起的肌肉紧张而受到影响。

延伸阅读：喉；呼吸；气管。

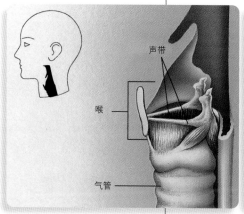
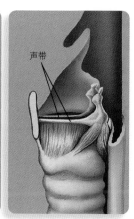

人的声音主要由声带产生，声带是横跨喉部的小段组织（左图）。喉部的肌肉拉扯和放松声带。当我们说话时，喉部肌肉拉扯声带，使它们之间的开口变窄（右图）。来自肺部的空气使收紧的声带振动，产生声音。

失眠

Insomnia

失眠是一种无法自然入睡的睡眠障碍。失眠可能有多种原因。疼痛或不适经常干扰睡眠，咖啡、汽水、能量饮料或其他刺激神经系统的物质也会引起失眠。某些药物会影响大脑，使人无法入睡。

失眠也可能由精神因素引起。人们在担心或害怕的时候往往会失眠。每个人都时不时地出现失眠。失眠，特别是严重的失眠，有时是精神疾病的征兆。

延伸阅读：精神疾病；疼痛；睡眠；应激。

压力、担心或害怕可能使人失眠。

失明

Blindness

失明意味着看不见东西。有些盲人只能看到一点光。其他盲人什么也看不见。有些人天生失明。

大多数失明是由疾病引起的。例如，白内障使眼睛的晶状体浑浊，阻止光线透过晶状体。医生摘除损伤的晶状体以防止失明，并在原处植入人工晶状体作为替换。

另一种会导致失明的疾病是青光眼。青光眼是指眼部积液，压迫眼睛内部，从而导致失明。医生可以通过手术降低眼内压力，也可以通过药物降压。

一名盲人女子用导盲犬来引路。

还有一些疾病可能会伤害眼睛的某些部位，影响视力。如果不及时治疗，感染和受伤也会导致失明。

盲人可以用拐杖或导盲犬来为他引路。科学家还发明了一种帮助引导盲人的设备，它发出的声波可被物体反射。

盲人可以用布莱叶盲文进行读写。盲文是由纸上凸起的小圆点组成的，可以通过触摸来识别。盲人也可以听书籍和其他作品的录音。一些电脑程序可以朗读文本。

延伸阅读： 盲点；白内障；结膜炎；残疾；眼睛；青光眼；视觉。

失重

Weightlessness

失重是一种摆脱重力束缚的感觉。重力是物体之间相互吸引的力。例如，地球的引力把人们拉到地球表面。

所有物体都有重力，但只有大物体才有足够的重力让人感觉到，这些物体包括行星和卫星。一个远离任何行星或卫星的人会感到失重。

在地球轨道上的宇航员也会感到失重，但他们在地球引力下还是有重量。失重感来自自由落体。轨道上的宇宙飞船在绕行星运行时不断被地球向下拉，但飞船不会掉落回地球，因为它也在以极快的速度沿地球侧面运动。侧向速度和重力导致飞船以绕着地球转动的轨道运行。持续的下落状态称为自由落体。宇航员、航天器和他们所有的设备都以同样的速度下落，所以从他们的角度来看，宇航员似乎根本没有下落。这产生了一种失重的感觉。

宇航员在一架大型飞机上训练失重。飞机急速爬升和俯冲。在一次俯冲过程中，宇航员在飞机内自由飘浮了大约 30 秒。这是因为飞机和宇航员以同样的速度下落，从而出现了短暂的失重现象。

失重会造成一些健康问题，如晕动病、骨质疏松、肌肉萎缩以及血液循环不良。运动、药物和特殊饮食可以减少这些问题。

延伸阅读： 航空航天医学；晕动病。

宇航员通过在一架特殊的飞机上进行训练，以适应在太空中会出现的失重状态。飞机进行急速的俯冲以创造自由落体运动。

石器时代

Stone Age

石器时代是人们使用石器而非金属工具的时代，始于约 330 万年前。当时，人们把石头做成了斧头和镰刀这样的工具。石器时代在世界不同地区的不同时期结束。

在亚洲西南部，石器时代大约在 5000 年前结束。那时，那里的人们开始用一种叫作青铜的金属制造工具。这项新技术标志着青铜时代的开始。

然而，即使在那之后，亚洲、欧洲、非洲和其他地区的许多农民仍继续使用石器时代的工具。在数百年或数千年的时间里，他们都未开始使用金属工具。当欧洲人在 15 世纪开始探索新大陆的时候，他们发现澳大利亚、非洲南部、太平洋岛屿和美洲的许多人仍在使用石器。现今，新几内亚和澳大利亚的一些人仍在使用石器。

科学家将石器时代划分为不同时期。最早的称为旧石器时代，这一时期大约在 1 万年前结束。在这段时间里，人们用石器狩猎野兽、采集野菜。然后在亚洲西南部，人们开始耕种。中石器时代和新石器时代是用来指石器时代中后期的术语。

延伸阅读： 农场和耕作；史前人类。

在石器时代，人们使用石制镰刀和锄头进行耕作，使用石斧和石矛进行狩猎。

食管

Esophagus

食管是从口腔到胃部之间的管状结构，能转运被吞咽的食物。食管壁上的肌肉向下收缩，迫使食物向胃部移动。

在食管与胃部间的开口处环绕着一圈肌肉，正常情况下这些肌肉可以防止胃液向食管反流。但是有时肌肉不能正常工作，胃液就会反流，引起一种疼痛的烧灼感，称为胃灼热。因为胃液是酸性的，它能够在食管壁上留下溃疡。

人类食管长约 25 厘米，其他动物食管长度则各不相同。

延伸阅读： 消化系统；口腔；胃。

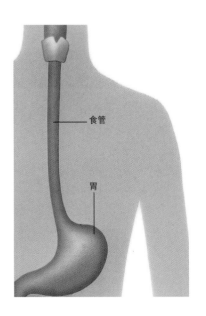

食管

胃

食管连接咽喉与胃。

食品保存
Food preservation

食品保存意味着防止食品腐败。腐败可以改变食物的气味和味道，还可能引起疾病。防止食品变质的方法有许多种，包括罐装、烘干、冷藏和使用添加剂。腌制是使用盐和其他化学品来保存食物。

所有的食物最终都会腐败。食物腐败常因有害生物和微生物造成。微生物包括细菌、霉菌和酵母菌等，有害生物则包括昆虫和啮齿动物。

一些食品保存的方法利用高温或辐射杀死微生物。另一方面，发酵则是一种利用其他微生物的技术，这些微生物能够使食物发生化学变化，并能够保存更久，发酵食品包括酒、奶酪和腌菜。

现代食品工业依赖于食品保存。许多种类的食物都需要长距离运输，没有保存技术，大量食物将会在食用之前腐败。

延伸阅读：细菌；食物；食物中毒；病毒。

将食物储存在罐头中是一种常用的食品保存方法。储存在罐头中的食物可以保存数月甚至数年而不会腐败。

食物
Food

食物为生活增添乐趣。全世界的人们在用餐时享受不同食物的色香味。

食物是基本需要，我们离开食物就会无法生存。食物提供我们做任何事所需要的能量，这些事包括行走、讲话、工作、玩耍、思考和呼吸。食物也为我们带来快乐，我们享受它的色香味。

食物的种类很多。人们食用的大多数食物来自植物。植物提供例

如谷物、水果和蔬菜等食物。谷物是大麦、玉米、燕麦、大米和小麦等植物的种子，它们也被称为粮食。世界上的大部分谷物，尤其是小麦，都被磨成了面粉，可用来制作面包、糕点和面条。水果和蔬菜则为我们的饭菜增添色彩、风味和有趣的味道。许多水果被用作小吃、色拉或餐后甜点。蔬菜则既可以烹饪也可以生吃。

坚果、药草、香料和许多饮料也来自植物。人们把坚果当作零食。厨师用香料来为食物调味。咖啡、可可粉和茶叶也来源于植物。

植物也为人们养殖的食用牲畜提供食物。这些动物为人类提供肉、蛋和奶。肉块可以直接烹饪，也可以在烹饪前将它们切碎制成香肠、汉堡牛排和其他产品。

我们吃的蛋类大多都是鸡蛋，然而人们也吃其他动物的蛋，比如鸭蛋。我们喝的奶类大多是牛奶，但是人们也饮用其他动物，比如骆驼、山羊、鹿和绵羊产的奶。黄油、奶酪和冰淇淋的原料都有奶类。

食物包括谷物和面包、鸡蛋和乳制品、畜禽鱼肉以及水果蔬菜。

在有些国家，所有食物都靠人们自己种植饲养。而在另一些国家，大多数人都在商店购买食物。这些商店从农民和食品公司进货。这些食物被保存得很好因而不会很快变质。人们一般通过冷冻、罐装或烘干来保存食物。

许多地方保留有古老的饮食传统。在日本，米饭和鱼类一直都是非常重要的食物；玉米和辣椒粉则是墨西哥菜中常见的原料。纵观历史，探险家和商人不断带来新的饮食文化。例如，土豆和番茄曾经只生长在美洲，16世纪以后，它们也成了欧洲的常见食物。现在，很多人都喜欢美国快餐，例如汉堡包和炸薯条。

延伸阅读： 碳水化合物；胆固醇；饮食；营养师；进食障碍；饥荒；农场和耕作；脂肪；食物中毒；食品保存；水果；葡萄糖；营养不良；矿物质；营养物质；营养学；肥胖；蛋白质；糖；素食主义；维生素。

食物中毒

Food poisoning

食物中毒是由摄入含有害物质的食物引起的一种疾病，可以导致人呕吐或腹泻，严重的可致人死亡。

有些食物总是对人体有害。某些蘑菇和鱼类带毒，如果人们误食就会中毒。另一些食物则由于保存或烹饪不当而有毒。

大多数食物中毒是由细菌和病毒引起的。一些食物中原本就有细菌，例如未烹饪的鸡肉。病毒则通常是由卫生习惯不好的人传到食物上的。

通过饭前清洗食物，人们可以免受绝大多数病菌的侵扰。人们也可通过在合适的温度下保存食物以及在足够高的温度下烹饪食物来杀死病菌。

延伸阅读： 细菌；腹泻；食物；毒物；毒素；病毒。

为了避免食物中毒，人们必须在足够高的温度下烹饪食物以杀死病菌。

史前人类

Prehistoric people

史前人类是指生活在5500多年前的人类，那时，人们发明了文字并且开始记录历史。大多数科学家相信第一个人类出现在大约200万年前，还有一些线索表明可能在280万年前就已经有人类存在了。

科学家在19世纪首次发现了史前人类存在过的证据，当时他们挖出了锋利的石器。科学家后来还发现了史前人类的化石，化石是封存在岩

这幅图显示了大约150万年前史前生物在东非的生活景象：一位女性直立人（早期人类中的一种）抱着她的婴儿，她的配偶正在用石制工具从死去的动物身上割肉。在他们身后，三只生活在同一时期的更为原始的生物——南方古猿正在收集植物作为食物。

层中的骨头、贝壳、树叶以及其他生命迹象。

化石显示早期人类的大脑比大多数现代人要小，科学家提出了进化论，这是一套解释生物如何随时间发生变化的理论。该理论认为，随着地球环境的改变，史前人类的祖先也经历了一系列变化，这些变化导致了第一批人类的出现，他们后来进化成了现代人类。

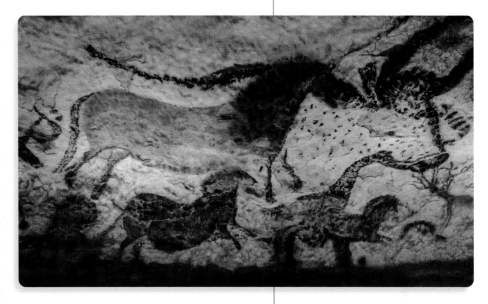

这幅史前壁画是法国拉斯克洞穴众多壁画中的一幅，可以追溯到大约15000年前。

科学家认为人类和猿类有共同的祖先。但是在1000万到500万年前，人类和猿类的祖先开始朝着不同方向分别进化，这一单独进化是古人类的开端。古人类曾被称为原始人，包括人类及其早期的类人祖先。

大多数人类学家认为最早的古人类包括多毛的类人生物，即南方古猿。这些生物最早出现于400多万年前的非洲，它们直立行走，有着大大的脸和下巴。

有一种被称为能人的早期人类被认为是由200多万年前的南方古猿进化而来的。这种史前人类会制造石器，会收集野生植物作为食物，也会吃肉。

科学家认为能人是直立人的祖先。直立人更高，拥有更大的大脑，可能是第一批会使用火和穿衣服的人类。

智人是直立人的后代，看起来更像现代人类。他们的头骨很圆，同样拥有大大的脸，脸上有眉脊（眼部上方的骨质隆起）。第一个拥有与现代人类类似面孔的智人大约出现于10万年前的非洲，后来，智人逐渐发展了艺术、口语和农业。

延伸阅读： 人类学；考古学；穴居人；进化；古人类；人类；石器时代。

视错觉

Optical illusion

　　视错觉是某些物体看起来与实际情况不同的现象。眼睛有能感知光线并将图像信号发送到脑部的特殊细胞。脑部接收信号并告诉我们它们的含义，这个过程称为感知。有时感知与真实情况不符。例如，如果你看一条长而直的道路，那条道路似乎会越来越窄。远处的树木和电线杆看起来比附近的要小。但实际上它们并没有变小，只是看上去是这样的。这些现象就是简单的视错觉。

　　延伸阅读： 脑；眼睛；感知；视觉。

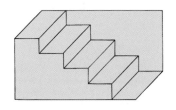

这个楼梯有从右到左上升的台阶。但也可以看作是一个颠倒的台阶从左向右"上升"的楼梯。

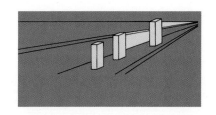

这些木块大小相同，但是那些离观看者较远的木块看起来更大。之所以出现这种视错觉，是因为没有用透视的方式绘制木块。

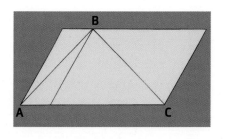

上图中的线段 AB 和 BC 的长度相等。但是，由于图中其他线段的角度，线段 BC 显得更长。

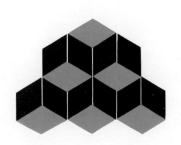

你在这幅图片中看到多少个完整的立方体？三个还是五个？

这两个三角形的灰色亮度哪个更亮？两边的灰色亮度实际上是相同的。

活 动

欺骗你的眼睛

- 2 张纸
- 1 支铅笔
- 彩色铅笔或蜡笔
- 剪刀
- 1 把尺子

你可以制造一种视错觉来欺骗你的朋友。它甚至会欺骗你自己的眼睛。

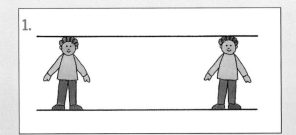

1. 在一张纸上用尺子绘制两条相距 5 厘米的平行线。利用这两条平行线，绘制两个高度完全相同的动物、人或植物。给他们上色然后把他们剪下来。

2. 在第二张纸上，画出如图所示的三条斜线。然后把图片放在纸上。每张图片的底部都应该触及最底部的斜线。

3. 将这张纸展示给朋友看。你的朋友认为哪一个更高？把两张图片交换一下。然后看哪一个看起来更高？

视觉

Vision

　　视觉是用眼睛感知光线的能力。它是五种感觉之一，其他感觉是嗅觉、听觉、味觉和触觉。

　　光线通过角膜进入人眼。角膜是眼球的透明外层。然后光线通过房水。从那里，光线通过瞳孔，穿过使光线偏折的晶状体。

　　然后光线到达眼睛的大中央室。这里有一个果冻状的液体，叫作玻璃体。光线穿过玻璃体，到达眼球后部的视网膜。视网膜中的神经将光线转变为电脉冲。这些信号通过视神经传递到脑部。脑部解析信号，使我们看到视觉图像。

　　延伸阅读：失明；隐形眼镜；角膜；眼睛；远视；眼镜；近视；眼科学；视错觉；验光；感觉。

眼睛如何聚焦

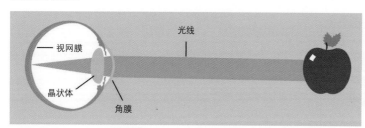 

远距离视觉
远距离物体反射的光线在进入眼睛时几乎平行。角膜和晶状体将光线偏折，使它们聚集在视网膜上，形成清晰的视觉图像。

近距离视觉
近距离物体反射的光线进入眼睛时正在扩散，因此需要更大的偏折能力来将这些光线聚集在一起。晶状体通过变圆变厚来提供这种能力。

如何看深度

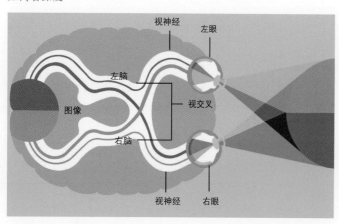

深度知觉是判断距离和判断物体厚度的能力。因为两只眼睛稍微分开，每只眼睛都从稍微不同的角度看物体。结果，每只眼睛都会向大脑发送稍微不同的信息。每只眼睛的一些神经纤维在视交叉处交叉，因此大脑的每一侧都接受来自双眼的视觉信息。大脑将图像放在一起提供深度感知。

手

Hand

手是手臂末端以下的部分。人类和其他动物在许多地方用到手。手可以用来抓住物体，也可以用来触摸和感受事物。

人类还用手来交流或共享信息。例如，食指和中指摆成"V"代表胜利。失聪的人使用手语交流。手还可以表达感受，愤怒的人可能会双手紧紧握拳。

人类的手有灵活有力的拇指，拇指可以帮助我们抓取物体。

人类的手腕、手掌和手指中都有骨头。每只手中有27块骨头。每只手用35块肌肉来运动，但是其中有15块都在前臂，细长的肌腱将它们附着在手上，给了手很大的力量。

动物也有许多类型的"手"。鼹鼠拥有粗短的手，可以像铲子一样挖掘地道；鸟儿的"手"是翅膀；海豹的"手"是鳍状肢，其中的骨头长在一起形成扁平桨状，有助于海豹游动。

延伸阅读：手臂；骨；交流；手指；左利手和右利手；肌肉；肌腱；手腕。

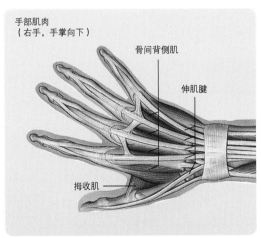

手部肌肉
（右手，手掌向下）

骨间背侧肌

伸肌腱

拇收肌

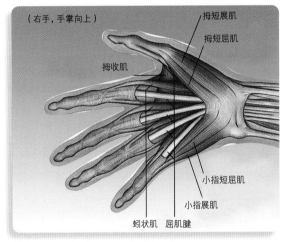

（右手，手掌向上）

拇短展肌

拇短屈肌

拇收肌

小指短屈肌

小指展肌

蚓状肌　屈肌腱

每只手用35块肌肉来移动，其中15块位于前臂，通过肌腱附着于手部。

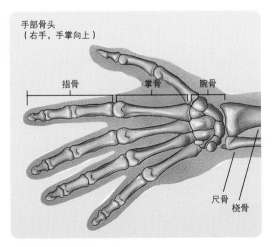

手部骨头
（右手，手掌向上）

指骨　　掌骨　　腕骨

尺骨

桡骨

人的每只手中有27块骨头支持着手腕、手掌以及手指。

手臂

Arm

手臂指人体从肩膀到手的部分。手臂有两部分。肘以上的部分称为上臂，上臂中有一块较大的骨头，称为肱骨。肘以下的部分称为前臂，前臂中有两块长长的骨头，分别称为桡骨和尺骨。

肱二头肌位于上臂的前部，可以使手臂弯曲。肱三头肌位于上臂的后部，可以使手臂伸直。

延伸阅读： 骨；肘；尺神经沟；手；关节；肌肉；肩；骨骼。

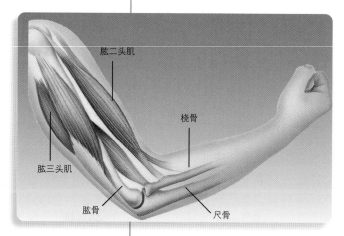

手臂有三块骨头——肱骨、桡骨和尺骨。肱二头肌和肱三头肌协助手臂运动。

手腕

Wrist

手腕包括 8 块形状不规则的腕骨。腕骨位于掌骨与尺骨和桡骨之间。

手腕是手和前臂之间的部分。人用手腕使手上下左右移动。

人的手腕内部包括 8 块腕骨。

肌腱穿过腕部，将指骨与手臂中的肌肉连接起来。当手臂肌肉收缩时，它们拉动肌腱并使手指移动。手掌的肌腱使手指弯曲，手背的肌腱使手指伸直。

延伸阅读： 手臂；骨；手指；手；肌肉；肌腱。

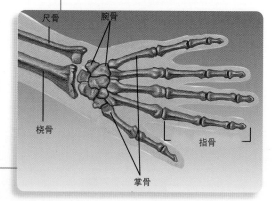

手指

Finger

手指是手从手掌伸出的部分。人每只手有五根手指。

每根手指里都有长而直的指骨。拇指有两根指骨，其他手指有三根指骨。

前臂内的肌肉与手指相连，前臂掌侧肌肉的收缩可以使手指并拢，前臂背侧肌肉的收缩则可以使手指张开。每只手的小肌肉则用来做精细运动。

延伸阅读：手臂；骨；手；肌肉；指甲。

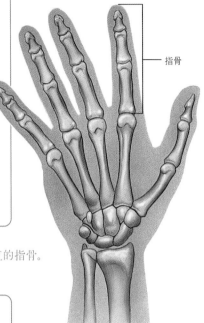

指骨

每根手指内都有长而直的指骨。

受精

Fertilization

受精是指雄性性细胞和雌性性细胞的结合。这是有性生殖的第一步，而有性生殖是许多生物产生后代的过程。雌性动物产生卵子，雄性动物产生精子。当一个卵子与一个精子结合为受精卵后，受精过程也就完成了，随后受精卵开始发育为一个新的个体。

对人类而言，受精过程发生在女性体内，精子和卵子在女性输卵管中结合。受精卵随后在女性子宫着床，并在这里发育为胚胎，最终发育为胎儿。

延伸阅读：胚胎；输卵管；不孕不育；人类生殖；子宫。

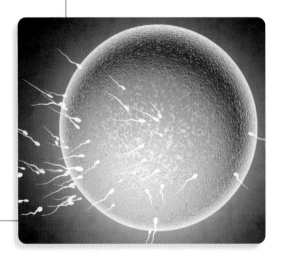

许多精子游向一个卵子。受精发生于一个精子与一个卵子结合时。

书写

Writing

书写是用文字、数字、符号等来表达思想的一种方式。如今，一些人使用某种字母来拼写单词。某些语言，如中文，则使用字来构成词语。

书写发展的第一步是早期人类学会用画画来表达思想。例如，一张笑脸的图画代表快乐的想法。不管说什么语言，人们都理解这样一幅画的含义。

孩子们在学校里练习书写。学习书写是全世界儿童教育的基本内容。

下一步，以及最初真正意义上的书写，大约是在 5500～5000 年前，人们学会用标志或符号来表示自己的语言。

苏美尔人是最早使用这种书写方法的人。他们住在美索不达米亚南部，在现在中东的底格里斯河和幼发拉底河之间。他们用符号记录了某些动物的拥有者。例如，如果一个男人拥有 5 头奶牛，苏美尔人会为数字 5 写一个符号，为单词奶牛写一个符号，为主人写一个符号表示他的名字。随着时间的推移，苏美尔人发现，他们也可以使用一个很容易画出的代表某单词的符号，来表示另一个读音相同但很难画出的单词。

大约 5000 年前，埃及人发明了一个类似的文字书写系统，称为象形文字。大约 3500 年前，中国人发明了先进的文字书写系统。

楔形文字是苏美尔人开发的一种早期书写系统。大多数楔形文字都是用一种叫作触笔的楔形工具刻在湿黏土片上的，然后将黏土片在阳光下晒干。

大约 3500～3000 年前，腓尼基人根据埃及的文字书写系统，发明了最早的字母。字母代表某些具体的声音。古希腊人借用腓尼基字母，加上元音符号，创造了希腊字母。古罗马人学会了希腊字母并创造了自己的字母。这些字母与今天的英语字母和其他一些语言的字母看起来大致相同。

延伸阅读： 交流。

输卵管

Fallopian tube

　　输卵管是女性生殖器官的一部分，是一对管状组织。生殖器官是用来繁殖后代的人体器官。新生儿的生命起始于男性精子与女性卵子的结合，女性产生卵子的器官称为卵巢，输卵管将卵子从卵巢运送至子宫。通常，卵子在输卵管受精，受精卵随后在子宫着床，最终在这里长成胎儿。

　　人类每侧输卵管长约 10 厘米，管内壁的一些细胞具有纤毛状的结构，这些结构有助于卵子在输卵管中的运输，管壁其他细胞则产生可以滋养卵子的物质。

延伸阅读： 卵巢；人类生殖；子宫。

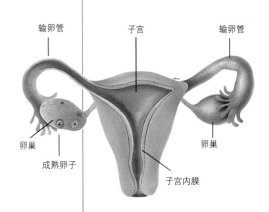

输卵管将卵子从卵巢运输至子宫，在这里受精卵可以长成胎儿。

输血

Blood transfusion

　　输血是将血液输送到人体的医疗过程。当病人或伤员需要额外的血液时，医生就必须进行输血。额外的血液来自献血者。输血每年可挽救数百万人的生命。

　　血库收集献血者的血液并存放在特殊的袋子里。工作人员对血液进行检测，明确其血型。血型有好几种，医生必须确保在输血时使用正确的血型。如果他们使用错误的血型，病人可能会生病或死亡。工作人员还需检查献血者的血液中是否携带病毒。血库会扔掉任何带有病毒的血液，这样就不会将病毒传染给其他人。

　　在输血过程中，用一根管子经手臂静脉将血液输送到患者体内。患者可以接受全血治疗，也可以只接受血液中的某些液体或细胞。

延伸阅读： 血液；血型。

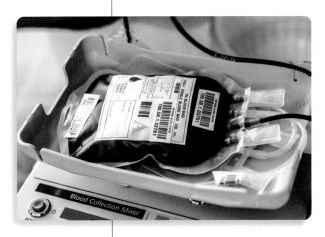

在血库中，献血者的血液被收集并储存在输血的专用袋子里。

属

Genus

　　属是科学分类法中的单位之一，指一群紧密相关的生物。生物学家按照 7 个主要单位划分生物，包括：界、门、纲、目、科、属、种。每个单位都是由其后面更小的单位组成，例如，目由不同的科组成，科由不同的属组成等。单位越小，则单位内的生物也更相近。每个生物属于一个种，种是 7 个主要单位中最基本的单位。一群紧密相关的种组成属。

　　例如，人类属于人属，人类的学名为智人。现在，人属的其他成员都已不复存在，但是在过去还生活着现代人类的近亲。例如，穴居人的种群一直生活到大约 35000 年前。穴居人通常被划分为尼安德特人。

　　属可进一步组成更大的分类单位，称为科。例如，人类属于人科，人类的近亲也属于人科，包括倭黑猩猩、黑猩猩、大猩猩和猩猩，它们属于不同的属。倭黑猩猩和黑猩猩组成了黑猩猩属，大猩猩则组成了大猩猩属，而猩猩则组成猩猩属。

　　延伸阅读： 科学分类法；科；物种。

马和斑马是紧密相关的动物，科学家将两者划分入同一个属：马属。

鼠疫

Plague

　　鼠疫是一种严重的疾病，在过去很容易导致病人死亡。14 世纪，欧洲发生过一次大范围的鼠疫，称为黑死病。历史上鼠疫造成了上百万人死亡，如今，医生通常利用药物和抗生素治愈鼠疫。

　　鼠疫是由细菌引起的，这些细菌生活在老鼠和其他小型动物身上，通过跳蚤传播给人类和大型动物。

鼠疫有许多种，腺鼠疫是最常见的一种，患上腺鼠疫后，细菌会引起身上疼痛肿胀。其他种类的鼠疫会在血液和肺部引起疾病。

延伸阅读： 抗生素；细菌；疾病。

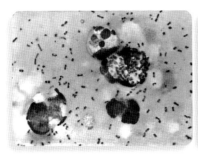
鼠疫杆菌

老鼠

跳蚤

鼠疫可通过一系列步骤传播给人类。首先，鼠疫杆菌会感染老鼠或其他啮齿类动物，细菌可通过跳蚤在老鼠之间传播，也可通过跳蚤叮咬将鼠疫传播给人类。受到感染的人通过咳嗽或打喷嚏把病菌传播给其他人。

衰老

Aging

衰老是变老的过程。人和其他生物会随着年龄的增长而变老。

大多数人在大约 40 岁的时候开始出现衰老的迹象。他们的头发开始变白，视力开始衰退。他们开始有听力障碍，味觉和嗅觉不如从前灵敏。

老年人不能像他们年轻时那样行动自如。他们的肌肉变得越来越脆弱和不灵活。随着年龄的增长，骨骼钙质流失，他们的骨头更容易断裂。

科学家正在研究人们如何以及为何变老。他们可能会在某日找到减缓衰老的方法。到 21 世纪中叶，每 5 个人中就有 1 个人的年龄在 65 岁以上。

延伸阅读： 关节炎；钙；期望寿命；痴呆。

和她的女儿相比，这位母亲表现出几种衰老的特征，如白发。

水痘

Chickenpox

水痘是一种由病毒引起的常见疾病。患者通常是儿童,大多数情况下水痘的病程都是较为温和的。

人们可能会在接触到水痘患者后11～20天内患上水痘。首先,皮肤上出现红疹,疹子随后变成又小又痒的水疱,几天后,水疱会干燥结痂。大多数人在一生当中只会得一次水痘。

病人通常会服药来缓解痒感。患有水痘的儿童不可服用阿司匹林,因为这样可能会加重病情。现在,人们可以接种预防水痘的疫苗。

延伸阅读: 阿司匹林;疾病;免疫接种;皮肤;病毒。

水痘会导致皮肤出现皮疹。患者通常是儿童。

水果

Fruit

水果是开花植物的果实。果实由花发育而来,里面有该植物的种子。

水果是人类重要的食物之一,常见的水果包括苹果、香蕉、葡萄、橙子、桃子、梨和草莓。水果味道可口且利于健康,例如,橙子和草莓中含有维生素 C。

几乎所有人类食用的水果都长在树木、灌木或藤蔓上。水果分为三种: (1)温带水果;(2)亚热带水果;(3)热带水果。

温带水果要求每年有一段寒冷的时期才能生长良好。苹果、杏子、樱桃、桃子、梨和李子都是温带水果,这些水果长在树上。蓝莓、蔓越莓、葡萄、覆盆子和草莓也是温带水果,它们长在灌木和藤蔓上。

亚热带水果则需要全年温暖适宜的天气才能生长良好,

全世界的人们都将水果作为饭后甜点或小吃享用。像苹果这样的水果味道可口且利于健康。

但是有霜冻时，它们也可以存活一小段时间。葡萄柚、柠檬、酸橙、橙子、枣、无花果、橄榄和牛油果是亚热带水果。

热带水果则生长在靠近赤道的地区，这些地区气候炎热，全年无冬，即使是最轻微的霜冻也会损伤热带水果。香蕉和菠萝是最有名的热带水果。

延伸阅读： 饮食；食物；营养学；维生素。

现代运输业使得在许多城市里的人都能从商店买到来自世界各地多种多样的新鲜水果。

睡眠

Sleep

睡眠是一种生理现象。一个正在睡觉的人不再对周围环境有意识。人类和多种动物每天都需要一定时间的睡眠。

当一个人睡着时，身体的动作放慢，肌肉松弛，心跳和呼吸减慢。

有时在睡眠中，大脑的工作速度非常快。睡着的人眼睛在紧闭的眼皮下移动得非常快，好像在看一场梦。

大多数成年人每晚睡 7～8.5 小时，但每个人需要的睡眠时间并不相同，儿童比成年人需要更多的睡眠。

不同种类的动物有不同的睡眠模式。夜间活跃的动物在白天睡觉。

延伸阅读： 意识；梦；失眠。

人们通常闭着眼睛睡觉，一个睡着的人会改变姿势，一晚上会短暂地醒来几次。

思想

Mind

　　思想通常用来描述一个人对世界的思考和理解。思想与脑有关。然而，思想并不是一个物理对象。几个世纪以来，人们对于如何更好地定义思想一直存在争议。

　　科学家和思想家对我们关于思想的知识做出了贡献，哲学家、心理学家和计算机科学家也做出了贡献。

　　许多科学家认为思想有三个不同的部分：(1) 基础水平，(2) 自我意识，(3) 思想理论。基础水平有助于将事件转化为个人的想法，自我意识是跟随自己想法的能力，思想理论是指思想可以认识到其他思想的存在。

　　大多数复杂的动物也有可以形容为思想的东西。这使动物能够对周围环境做出反应，也使它们能够了解周围的世界。

　　延伸阅读： 脑；意识；智力；记忆。

斯波克

Spock, Benjamin McLane

　　本杰明·麦克莱恩·斯波克 (1903—1998) 是一位美国儿科医生。因他关于儿童保育的书而闻名。这些书在 20 世纪五六十年代对父母有很大的影响。

　　斯波克最著名的一本书是《婴幼儿保健常识》(1946年)，它被翻译成至少 25 种不同语言的版本。斯波克的其他书籍包括《喂养你的宝宝和孩子》(1955 年)、《宝宝的第一年》(1955 年)、《斯波克医生与母亲的谈话》(1961 年)、《父母的问题》(1962 年) 以及《照顾你的残疾儿童》(1965 年)。

　　斯波克于 1903 年 5 月 2 日出生于康涅狄格州纽黑文。他毕业于耶鲁大学，获哥伦比亚大学医学学位，在 20 世纪 60 年代反对越南战争。他于 1998 年 3 月 15 日离世。

　　延伸阅读： 婴儿；儿童；儿科。

美国医生斯波克因其关于儿童保育的著作而闻名于世。

斯金纳

Skinner, Burrhus Frederic

伯鲁斯·弗雷德里克·斯金纳 (1904—1990) 是一位美国心理学家。他最著名的是关于人们如何学习的观点。

斯金纳是行为主义的主要支持者。行为主义是指通过人类的行动来研究他们的思想。斯金纳利用一种叫作斯金纳箱的特殊装置来研究动物的行为。他把动物放进装置里，给它们食物或其他奖励，让它们执行某些动作。

斯金纳也因他对计划社会的信仰而闻名。在计划社会中，人们放弃一些自由以获得更好的生活质量。斯金纳在《沃尔登第二》(1948 年) 一书中描述了他对计划社会的想法。他在另一本书《超越自由和尊严》(1971 年) 中主张，为了社会的利益，个人自由应当受到限制。

斯金纳 1904 年 3 月 20 日出生于宾夕法尼亚州萨斯奎汉纳。他就读于汉密尔顿学院和哈佛大学。于 1990 年 8 月 18 日去世。

延伸阅读： 行为；学习；思想；心理学。

一个由斯金纳设计的教学机器。斯金纳是一位美国心理学家，以研究人们如何学习而闻名。

死亡

Death

死亡意味着生命的终结。所有生物都会死亡。当一个人死亡时，心脏和肺部通常会先停止工作，但身体中的许多细胞会在短时间内继续存活。约 3 分钟后，脑细胞开始死亡。骨骼、毛发和皮肤细胞可以在死后继续生长数小时。

有时植物或动物的某部位死亡，但其仍然可以继续存活。例如，如果一个人心脏病发作，心脏的某一部分可能会坏

所有生物都会死亡，因此死亡是艺术永恒的主题。有时，死亡被描绘为手持镰刀的冷酷形象。

死，但如果心脏仍然可以继续跳动，那么这个人有可能继续活下去。又比如，如果树上的某一分枝枯死，但树本身仍然可以存活。

　　延伸阅读：衰老；生命；姑息治疗。

素食主义

Vegetarianism

　　素食主义是指在饮食中不吃肉类。有些素食主义者不吃肉、奶、蛋或其他任何来自动物的食物。另一些素食主义者有时喝牛奶或吃奶制品，如黄油和奶酪。

　　健康的素食饮食包括各种各样的水果、谷物和蔬菜。素食主义者必须确保食用含有蛋白质的食物，蛋白质是用来构建和修复身体的物质。大多数人从肉中获取蛋白质，但牛奶、鸡蛋、豆类中也含有蛋白质。

　　不同的人因为不同的理由成为素食主义者。有些素食主义者不吃肉，因为他们认为为了食物而杀死动物是错误的；而有的素食主义者则认为吃肉不健康。

　　延伸阅读：饮食；食物；水果；营养不良；营养学；蛋白质。

健康的素食饮食包括各种水果、谷物、豆类和蔬菜。

索尔克

Salk, Jonas Edward

约纳斯·爱德华·索尔克是一位美国科学家，他发明了第一例可以预防脊髓灰质炎的疫苗。

索尔克出生于纽约市，1939 年毕业于纽约大学医学院，继而开始研究流感和脊髓灰质炎的病毒。当他开始研究工作时，脊髓灰质炎十分流行，人们都很害怕这一疾病，因为它致使许多病人留下终身残疾。

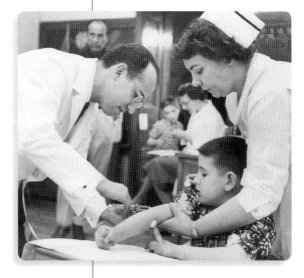

许多科学家已经研究过疾病的免疫和预防，索尔克从他们的成果中学到了很多，他用学到的知识制作出了脊髓灰质炎疫苗。他需要削弱脊髓灰质炎病毒的毒性但不能完全杀死它。索尔克将削弱后的病毒注入病人体内，不会导致病人生病，但会激活人体内的免疫系统产生抗体来抵御脊髓灰质炎。

1953 年，索尔克在妻子、儿子和自己身上试验了这种疫苗，证实疫苗是安全并有效的。1954 年，这种疫苗在近 200 万名儿童身上进行了试验，试验很成功，索尔克为此获得了很多荣誉。他没有接受奖金，而是继续改进疫苗。

索尔克把一生中的许多时间都投入到教学当中。1963 年，他在加利福尼亚以自己的名字成立了一家研究所，在那里继续工作。他于 1995 年 6 月 23 日去世。

延伸阅读： 抗体；免疫系统；免疫接种；瘫痪；脊髓灰质炎；病毒。

1954 年，索尔克给一名小男孩注射了脊髓灰质炎疫苗，索尔克的疫苗是第一个成功预防这种可怕疾病的疫苗。

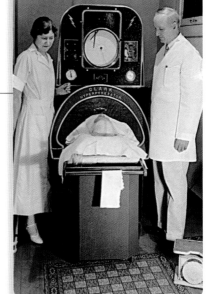

在索尔克研制出预防脊髓灰质炎的疫苗之前，这一疾病导致许多人瘫痪。它会使呼吸肌瘫痪，病人依靠一种叫作铁肺的人工呼吸装置维持生命。

锁骨

Collarbone

锁骨是位于肩部的骨头，形态细长而弯曲。它将胸骨与肩胛骨的钩状部分连接起来。

人有两根锁骨，分别支撑两个肩膀，还能让手臂保持在身体两侧的适当位置。当人的锁骨骨折时，肩膀会向下和向前倾斜。大多数锁骨骨折是由于肩部着地造成的。肩部受到重击也可能会使锁骨骨折。

许多四条腿走路的动物，比如狗，是没有锁骨的。而那些挂在树上的动物，比如猿猴，有巨大的锁骨。

延伸阅读： 手臂；骨；骨折；肩；骨骼。

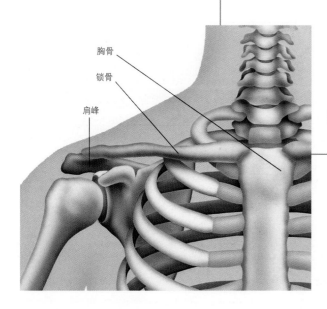

胸骨

锁骨

肩峰

锁骨将胸骨与肩峰连接起来，肩峰是肩胛骨的钩状突起。锁骨使手臂保持在身体两侧的适当位置。

胎儿

Fetus

胎儿是包括人类在内的动物还没有出生时的一个发育阶段。动物从受精卵开始发育，初期称为胚胎，一段时间后，胚胎就称为胎儿。

对人类而言，2 个月后的胚胎就称为胎儿。经过 9 个月的生长，婴儿便出生了。

胎儿在母亲的子宫内生长，与胎盘相连。胎盘供给胎儿食物和氧气。

随着胎儿成长，它越来越有婴儿的样子。心脏、大脑、肺脏和身体其他部位都开始成形，母亲也经常可以感受到胎儿在子宫中扭动翻转。

延伸阅读：婴儿；胚胎；胎儿酒精综合征；人类生殖。

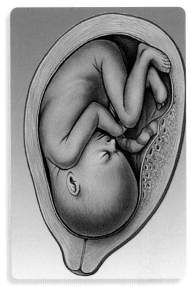

人类胎儿

胎儿酒精综合征

Fetal alcohol syndrome(FAS)

胎儿酒精综合征是一种危害儿童发育的严重疾病。由出生前接触酒精引起。频繁饮酒的孕妇是分娩该病患儿的高危群体。健康专家建议孕妇在怀孕期间避免摄入酒精，以保证她们还没出生的孩子的安全。

患有该病的孩子通常体型较小，出生体重低，并且具有特殊的面部特征，包括小眼睛和薄上唇。脑部损伤则是该病最严重的特征，并且通常会导致智力障碍。患有该病的儿童通常有行为障碍，或影响眼睛、心脏、肾脏或骨骼的先天缺陷。

该病患儿的治疗方案取决于患儿的年龄以及具体的症状，一些患儿需要长期的护理，但是其他许多患儿经过适当的治疗和医疗护理可以过上正常生活。

延伸阅读：酗酒；婴儿；脑；胎儿；怀孕。

胎盘

Placenta

胎盘是孕妇体内的盘状器官，形成于子宫壁上。胎盘可以给胎儿提供营养和氧气，带走胎儿的排泄物，此外，胎盘还可以产生激素，帮助胎儿发育，保障孕妇孕期的正常。

胎儿通过脐带与胎盘相连，脐带在胎儿与胎盘之间传输营养、氧气和排泄物，胎儿和母体的血液不会混合。

胎盘在怀孕一周后开始形成，它是由来自母亲和胎儿的细胞组成的。

婴儿出生几分钟后，胎盘从子宫壁上分离，子宫肌肉会将胎盘推出母体，这一过程中，胎盘通常被称为胞衣。

延伸阅读： 婴儿；分娩；激素；怀孕；脐带；子宫。

泰－萨克斯病

Tay-Sachs disease

泰－萨克斯病是一种神经系统功能紊乱性遗传疾病，主要发生于有东欧祖先的犹太儿童。泰－萨克斯病引起脑损伤、抽搐、失明、耳聋、精神不振，最终导致死亡。泰－萨克斯病患儿在 6 个月左右开始出现症状。该病尚无治疗方法，大多数患者只能活三四年。

泰－萨克斯病发生在氨基己糖苷酶 A 过少的儿童身上，酶是影响机体化学反应的蛋白质。泰－萨克斯病的症状在 19 世纪 80 年代由英国医生泰（Waren Tay）和美国医生萨克斯（Beard Sachs）首先发现。

延伸阅读： 脑；疾病；酶；神经系统。

贪食症

Bulimia

贪食症是以暴饮暴食为表现的情绪性疾病。贪食症患者的暴食过程通常无法停止，他们会一直吃，直到不能再吃下任何东西。大多数贪食症患者在暴饮暴食后都会强迫自己呕吐，或是做大量运动甚至让自己挨饿，这些行为可避免他们的体重增加。

贪食症所影响的主要人群为13～40岁的女性。贪食症通常会在几周或几个月后消失，但有可能会复发。有些病例的病程长达数年。贪食症会损害人体的健康，呕吐时的胃酸会破坏牙齿和牙龈，呕吐也会导致喉咙酸痛和机体缺水。

贪食症患者可以通过咨询医生或精神卫生工作者获得帮助。医生也可以开具特定的药物来阻止暴饮暴食和呕吐。

延伸阅读：进食障碍；食物；精神疾病；呕吐。

瘫痪

Paralysis

瘫痪是指人无法移动身体肌肉的状况，肌肉是帮助其他部位运动的身体组织。

人们可能局部瘫痪，即无法移动手臂、腿部或身体的一侧，也可能全身瘫痪，无法移动身体的任何部位。有时瘫痪会在一段时间后消失，有时候则不会。

当事故或疾病损伤肌肉、脑部或神经时，人们可能会瘫痪。物理治疗师可以帮助一些瘫痪的人。有时，脑部的健康部分可以接管受损部位的功能。

延伸阅读：肌萎缩侧索硬化症；脑；残疾；肌肉；神经系统；作业疗法；物理疗法；脊髓灰质炎；中风。

局部瘫痪不一定会阻碍一个人拥有一份好的工作和充实的生活。这个局部瘫痪的人正在办公室工作。

炭疽

Anthrax

　　炭疽是一种感染牛羊等动物的严重疾病，也可导致人患病或死亡，它是由细菌引起的。

　　炭疽细菌以孢子（微小细胞）的形式存在于土壤中。动物食用带少量孢子的食物即可感染炭疽。人们可能通过食用病畜的肉类而感染炭疽，也可能通过接触病畜及其产品而感染炭疽。人们也可能从空气中吸入孢子，但目前炭疽在人类中很少见。

　　当人们经皮肤接触感染炭疽时，通常会出现皮肤溃疡。当人们吸入孢子时，炭疽细菌会感染鼻部、喉咙和肺部。吞入炭疽孢子会引起发烧、呕吐、胃痛和腹泻。吸入或吞食炭疽细菌后若不及时治疗，可能会导致死亡。医生可以用抗生素治疗炭疽。

　　许多科学家担心炭疽孢子可能被用作武器。2001年在美国，炭疽孢子以包裹形式被送往企业和政府机构。有些人在打开包裹时吸入了炭疽孢子，感染了炭疽，其中一些人因此死亡。

延伸阅读： 抗生素；细菌；疾病；发热。

碳水化合物

Carbohydrate

　　碳水化合物是为人体提供能量的三种物质之一。身体需要能量来运动、工作和娱乐。另外两种用于供能的物质是脂肪和蛋白质。

　　所有的碳水化合物都来自植物。植物利用阳光制造碳水化合物，原料是水和二氧化碳。一些动物通过取食植物获得碳水化合物，其他动物则通过捕食这些食草动物获得碳水化合物。而人类可以通过这两种方式获得碳水化合物。

　　碳水化合物主要有两类：简单碳水化合物和复合碳水化合物。糖是一种简单碳水化合物，但糖有很多类型。牛奶、水果和糖果都含有不同类型的糖。淀粉是一种复合碳水化合物。面包、玉米、大米和土豆都含有淀粉。

淀粉是一种复合碳水化合物。这些由小麦制成的食物富含淀粉。

身体可以很容易地将简单碳水化合物转化为能量，但将复合碳水化合物转化成能量的过程则会复杂一些。

人体摄入的食物会从胃进入小肠，小肠就像一根长管，可以将复合碳水化合物分解成简单碳水化合物，肝脏则将这些简单碳水化合物转化为葡萄糖。血液将葡萄糖输送到身体的细胞内，细胞利用这些葡萄糖产生能量。

延伸阅读: 脂肪；食物；葡萄糖；肠；蛋白质；糖。

水果内含有果糖，一种简单碳水化合物。身体可以很容易地将简单碳水化合物转化为能量。

唐氏综合征

Down syndrome

唐氏综合征是一种导致残疾的先天性疾病。患者有学习障碍，并具有不同的特征，如倾斜的眼睛、扁平的鼻子和较短的四肢，有时也伴随着心脏、视力和呼吸系统的问题。

许多唐氏综合征患者无法完成正常的日常活动，如学习、工作和照顾自己。有些患者生活在家里，并在学校里接受特殊的课程；其他患者则住在相关的保健机构。

当机体的细胞具有超过正常数量的染色体时，会导致唐氏综合征。大多数人的细胞中有46条染色体，但患有唐氏综合征的人有47条。

延伸阅读: 染色体；残疾；智力障碍。

唐氏综合征的患者即使残疾，也可发挥其潜力。这名患有唐氏综合征的孩子会烤饼干。

糖

Sugar

　　糖可以使其他食物变甜。比如，人们在柚子、麦片等食物上撒上糖，使其味道更好。有些人把它添加到咖啡、茶和其他饮料中。此外，食品企业在很多食品中都添加了糖。糖果、水果罐头、果酱、果冻、软饮料都含有大量的糖分。糖也被添加到许多烘焙食品中，如饼干和蛋糕。

　　所有的绿色植物都能制糖，但人们使用的糖大多来自甘蔗或甜菜。这些植物制造的糖称为蔗糖，这种糖是人们放在糖碗里的那种。甜菜在根部储存蔗糖。甘蔗是一种高大的草本植物，它的茎秆里储存着蔗糖。糖的其他来源包括玉米淀粉、牛奶、枫糖浆和蜂蜜。玉米淀粉是美国富含糖的糖浆的主要来源。

　　糖属于碳水化合物，碳水化合物给植物和动物提供能量。

　　糖会导致蛀牙，也会使人发胖。为了避免这些问题，有些人使用人工甜味剂代替糖。这些甜味剂比天然糖甜得多，所以需要的量更少。

　　延伸阅读： 碳水化合物；食物；葡萄糖。

常见的糖包括白砂糖（以立方体和粉末状出售），以及红糖。蜂蜜是由蜜蜂制成的富含糖分的糖浆。

糖尿病

Diabetes

胰岛素泵可以帮助糖尿病患者维持正常的胰岛素水平，从而调节身体的糖利用能力。

　　糖尿病是一种身体无法正常利用糖的疾病，这种疾病病程很长。糖尿病会使血液中的糖含量过高，这会导致很多问题，比如皮肤干燥、体重减轻和视力受损，还会降低身体抵抗感染的能力，也可能导致口渴和频繁排尿。

　　糖尿病有两种类型：1 型糖尿病和 2 型糖尿病。两者都与胰岛素的分泌利用有关。胰岛素是体内的天然物质，它的作用是将血液中的糖带入肌肉、机体脂肪和

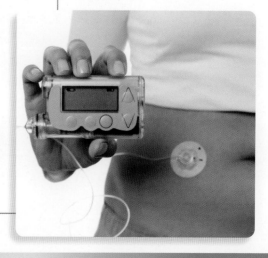

肝脏细胞中。

　　1 型糖尿病是由胰腺中产生胰岛素的细胞被破坏而引起的。患有 1 型糖尿病的人须每天至少注射一次胰岛素来控制病情。

　　2 型糖尿病更常见,它常发生在肥胖和中老年人群中,是由胰岛素的分泌减少和身体利用胰岛素的能力降低引起的。

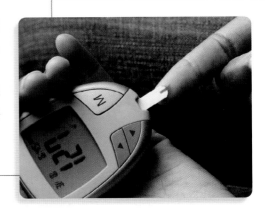

便携式血糖监测仪使糖尿病患者更方便地测量血糖。

疼痛

Pain

　　疼痛指一个人因受伤或生病而感觉苦楚,这是身体在告诉我们出现问题了。

　　疼痛有许多种类。一种是急性疼痛,疼痛突然出现然后消失。例如你不小心将手伸进火焰中所引发的疼痛。另一种慢性疼痛则会持续很长一段时间。许多患有长期疾病的人,比如癌症患者,就有慢性疼痛。有时候疼痛会很厉害,而有的时候我们只会感受到轻微的疼痛。

　　身体能感受到疼痛是因为身体具有一种叫感受器的特殊神经。神经是连接身体各部位和脑部的通道。感受器将身体细胞释放的某些化学物质转变为电信号。这些电信号沿着神经传播到脑部,告诉脑部身体哪部分受伤,然后脑部可以告诉我们做些什么来阻止伤害,例如将手从火上移开。

　　医生可以通过消除病因和缓解疼痛来治疗急性疼痛。例如,医生可以通过接好骨头并给予止住急性疼痛的药物来治疗腿部骨折。阿司匹林是人们用来止住急性疼痛的常用药物,它主要通过阻止某些导致疼痛的化学物质形成来起作用。麻醉剂是医生经常提供给慢性疼痛患者的强效药物。

　　延伸阅读: 针灸;麻醉;麻醉学;阿司匹林;药物;麻醉剂;神经系统。

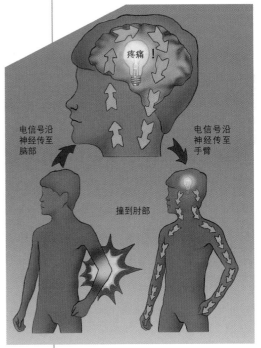

当你撞到肘部时会感到疼痛,因为电信号会沿着从肘部到脑部的神经传播。脑部告诉你,你的肘部受伤了并向你的手臂发送电信号。这些信号会让你移开并揉搓肘部。

体温过低

Hypothermia

体温过低是指身体的温度降得过低。人们通常会因为在寒冷的环境中待得太久而体温过低。人体正常体温是37℃，体温过低的人体温可能低于35℃。

冬天在户外工作的人，以及那些在户外娱乐运动的人，比如猎人、徒步旅行者和滑雪者，易受体温过低的影响。如果温度太低且穿着不合适，人们在室内也会体温过低。这种情况主要发生在老年人中。儿童、生病或受伤的人、血液循环不好的人也可能会体温过低。

体温过低的症状包括发抖、感觉丧失、嗜睡、头晕或意识模糊。如果体温降到32℃以下，人可能会昏倒，严重的会导致死亡。

体温过低的人应尽快离开寒冷环境，立刻呼叫医疗救助，除去湿衣服，用干衣服或毯子盖住身体。他们应该慢慢暖和起来，切勿饮用含有酒精或咖啡因的饮料。

延伸阅读： 循环系统；人体；新陈代谢。

体重控制

Weight control

体重控制指保持健康的体重。对人而言，这通常意味着控制身体脂肪。当人们增重时，增加的体重大多是脂肪。当人们减肥时，减去的体重也主要是脂肪。

身体的脂肪含量与两个因素有关。第一个是食物中摄取的能量，第二个是身体消耗的能量。如果身体吸收的能量比消耗的多，身体脂肪就会增加。

过多的身体脂肪会导致许多健康问题。脂肪过多的情况称为肥胖，肥胖者患糖尿病、高血压、心脏病的风险较高。很多不肥胖的人体重仍然超过他们的预期。

有几种方法可以减肥。人们可以减少能量的摄入，也可以通过锻炼来消耗更多的能量。在某些情况下，医生使用药物甚至手术来治疗肥胖。

体育锻炼可以消耗额外的能量，有助于保持健康的体重。健康专家建议，孩子每天应进行60分钟的体育锻炼。

很多肥胖者都能够减肥。但是，要防止自己的体重反弹往往很难。

延伸阅读：饮食；运动；脂肪；食物；健康；肥胖。

替代医学

Alternative medicine

替代医学包括大多数医生通常不接受的治疗方法。它通常使用含有天然成分的药物。使用替代医学的人相信身体可以自愈，他们觉得药物或手术只能作为最后手段使用。

替代医学有很多种。针灸是将针刺入体内以缓解疼痛和治疗疾病，自然疗法利用新鲜空气、按摩和锻炼来改善健康，草药学是利用植物提取物来治疗疾病。

大多数医生不接受替代医学，他们认为没有足够的证据证明替代医学的有效性，但有些医生将替代医学与其他更常见的医学疗法相结合。

延伸阅读：针灸；草药医学；整体医学；医学；维生素。

家庭疗法

在你的曾曾曾祖父母时代，医生少之又少。我们的祖先常常不得不使用代代相传的家庭疗法来照料家人的健康。这些方法通常用到药草、树根、树皮和野花，以及放置于食品储藏架上的主食。

对于胃部不适的人，可以将生姜泡在热水里，饮用姜茶。大蒜鸡汤是治疗鼻塞的常见药物。温牛奶可以用来治疗失眠。

科学家后来发现了这些家庭疗法起效的原因。生姜似乎可以缓解胃部不适和晕动症。热汤里的大蒜可以稀释鼻子里的黏液，有助于缓解头部不适。牛奶加热后会加速它的消化，蛋白质可迅速分解成较小的分子。

以下是一些您可以尝试的家庭疗法：

- 用温盐水漱口可以缓解喉咙痛。
- 涂抹小苏打和水的糊状物，可以免受蚊虫叮咬引起的瘙痒。
- 喝一杯加了少许辣酱的番茄汁，可以使你在感冒时呼吸更顺畅。
- 在温水里加入一匙蜂蜜和一点柠檬汁，可以舒缓喉咙痛。（蜂蜜不能给一岁以下的婴儿服用。）
- 饭后，咀嚼一些薄荷或香芹可以让你的口气更清新。
- 在脸上涂一层温热的燕麦片和水的混合物（避开眼睛和嘴巴周围），可以缓解皮肤灼热、瘙痒。

天花

Smallpox

天花是历史上最可怕的疾病之一，仅在 20 世纪天花就杀死了3 亿多人。它使数百万人留下疤痕并失明。天花也是第一个被人类消灭的疾病。

天花是由一种只感染人类的病毒引起的，它通过空气在人与人之间传播。该病以疼痛、发热和小而疼痛的丘疹为特征。

1796 年，英国医生詹纳研制出预防天花的疫苗，这是世界上的第一种疫苗。该疫苗迅速传播到世界其他地区。但直到 20 世纪60 年代，天花仍然广泛流行。国际卫生组织随后开始了消灭天花的计划。至 1980 年，该病已在世界范围内被消灭。

延伸阅读： 疾病；免疫接种；詹纳；病毒。

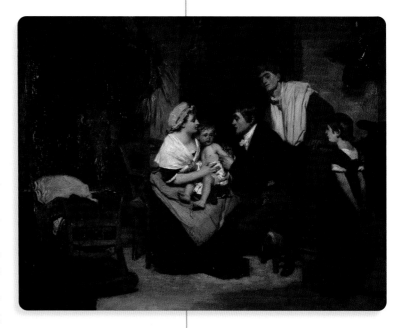

詹纳于 1796 年研制出预防天花的疫苗。至 1980 年，该病已在世界范围内被消灭。

铁

Iron

铁是地球上含量最丰富的化学元素之一。铁是纯净的银白色金属，但它很少在自然界中以纯净的状态出现。地球上绝大多数的铁存在于地核中。

铁是世界上最有用的金属之一。它不是很昂贵，可以单独使用或与其他金属混合使用，可以被锤成薄片，也可以被拉成细线。铁用来制造从炊具到汽车的各种东西。钢是最常见的铁制品之一，它是用铁和碳及其他金属制成的合金材料。

我们使用的大部分铁来自地下岩石或矿石。矿工和机器挖出矿石，然后用破碎器粉碎它，并把铁和其他材料分开。制铁工人把铁熔化后倒入模具。在模具内部，铁会硬化成不同的形状。

　　　人体需要铁来发挥作用。体内的铁大部分用于血液,铁将氧气从肺部运送到不同的组织,并将二氧化碳运回肺部。铁也用于在细胞内部制造ATP(腺苷三磷酸),ATP是生物体内能量利用和储存的中心物质。铁对人体健康如此重要,以至于人体会使用某些化学物质来将其隐藏起来,从而防止会感染人类的细菌找到铁。

　　延伸阅读:血液;二氧化碳;食物;营养学。

人们从食物中获得身体所需的铁。肉、猪肝、坚果和某些绿叶蔬菜等富含铁。

听觉

Hearing

　　　听觉是我们最重要的感觉之一。听觉帮助我们理解话语,我们通过倾听和模仿别人的声音来学习说话。听觉也让我们小心谨慎,例如,我们可以听到汽车鸣笛、消防警报以及火车轰鸣声。听觉还让我们享受音乐、鸟儿鸣叫以及海洋的声音。

　　　声音由振动产生,并通过声波传播。声波进入耳朵,并转化成信号传入大脑,大脑又将信号读取为声音。

　　　许多动物拥有和人类相似的耳朵。一些动物拥有非常敏锐的听觉,帮助它们安全生存。

　　延伸阅读:耳聋;耳;助听器。

听诊器

Stethoscope

听诊器是医生用来听患者身体内部声音的工具。听诊器可以听到心脏、肺、肠、静脉和动脉发出的声音。

听诊器由几个部分组成：形状像一个小圆盘，放在皮肤上的听诊头（这种形状有助于听到身体发出的高音）；连接听诊头的空心橡胶管；管子末端的听筒。它们能帮助医生听到声音。

最早的听诊器是在 1816 年由空心木管制成的。在听诊器发明之前，医生要在一个人旁边用一只耳朵贴近他的身体来听身体内部的声音。

延伸阅读： 心脏；医学；医生。

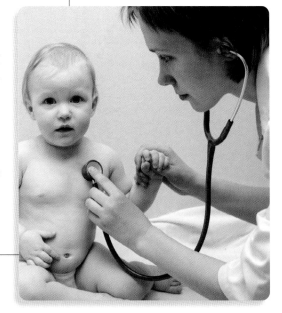

医生用听诊器听孩子心脏发出的声音。体检常常包括听身体的声音。

同性恋

Homosexuality

同性恋是指同性个体间的性吸引。被同性吸引的人称为同性恋者，而被异性吸引的人称为异性恋者。

同性恋的成因现在还未被完全了解。有些专家认为同性恋是由生物因素导致的，其他研究者则认为这是由社会和心理因素造成的。

历史上有不少关于同性恋的记载。有些文化已经接受了同性恋，有些依然禁止，甚至会对同性恋群体施加惩罚。一项为同性恋群体争取民权的运动——通常称为同性恋权利运动——于 20 世纪 50 年代在欧洲和北美洲兴起。

延伸阅读： 行为；性别。

头骨

Skull

头骨是一组连接在一起的骨头，构成了头部的框架。头骨存在于所有脊椎动物中，保护脑部不受撞击和瘀伤。

当婴儿刚出生时，他的头骨是柔软的。过了几年，骨头变硬了，它们紧紧地靠在一起。

人类的头骨有 22 块骨头。8 块骨头组成了围绕脑部的头盖骨，其他 14 块骨头组成了面部和下巴，称为面部骨骼。

动物头骨的形状与其生活方式相适应。例如，狼的下颚很长，这有助于它们抓住并撕开猎物。

延伸阅读： 骨；脑；下颌骨；鼻。

顶骨
额骨
蝶骨
鼻骨
上颌骨
颧骨
下颌骨
枕骨
颞骨

人类的头骨有 22 块骨头。它们组成了面部并形成了一个围绕脑部的保护性外壳。

头痛

Headache

头痛是指头部感到疼痛。几乎所有人都曾患过头痛。大多数头痛并不严重，但是可以给人们带来不适以致耽误工作。严重的头痛则可能是严重疾病的征兆。头痛是人们看医生的常见原因。

最常见的头痛类型通常是持续的钝痛，常常发生于头的前部、太阳穴、后脑勺或同时发生于这些部位。这类头痛的治疗取决于发生的频率。对于偶然发生的头痛，医生通常建议休息和服用止痛药，如阿司匹林。

另一类头痛则称为偏头痛。偏头痛引起剧烈的搏动痛，通常只发生于头部一侧。

有时头痛是其他疾病的症状，治疗这种头痛通常需要治疗原发疾病。

延伸阅读： 阿司匹林；偏头痛；疼痛。

透皮贴剂

Transdermal patch

透皮贴剂是一种充满药物的黏性贴片。这种贴剂是贴在皮肤上的。胶黏剂帮助贴片贴在皮肤上。在大多数透皮贴剂中，药物与胶黏剂混合在一起。药物通过皮肤扩散并进入血液。

与注射剂不同，透皮贴剂提供缓慢、稳定剂量的药物。透皮贴剂常用于治疗疼痛或高血压，也是给予稳定剂量尼古丁的常用方式。尼古丁是香烟烟雾中的致瘾成分。尼古丁贴片可以帮助人们戒烟。

延伸阅读： 药物；高血压；疼痛。

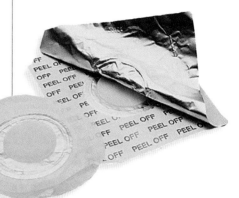

这种透皮贴剂能像胶布绷带一样贴在皮肤上，它含有通过皮肤扩散并进入血液的药物。

突变

Mutation

突变是活细胞遗传物质的变化。细胞是生命的基本单位，遗传物质由基因和染色体组成。基因携带着构建细胞、组织、器官和机体所必需的信息。染色体是微小的线状结构，生物的基因存在于染色体内。当突变发生时，生物的某些特征会发生变化。突变可以遗传给后代。

突变对生物可能有明显的影响，也可能没有。大多数导致可见变化的突变都是有害的。突变可以改变单个基因，也可能改变整个染色体。镰状细胞贫血是一种由突变引起的血液病。患有这种疾病的人，控制红细胞生成的基因会发生微小的变化。

如果染色体的数目或排列发生改变，就会发生染色体突变。唐氏综合征是一种由染色体突变引起的精神和身体疾病。一个人如果出生时带有某一特定染色体的额外拷贝，就会发生这种疾病。

科学家认为，许多因素都会导致人类发生突变，如某些化学物质、X 射线和紫外线。

延伸阅读： 细胞；染色体；唐氏综合征；进化；基因；遗传；镰状细胞贫血。

卷舌能力是基于单一基因的特质。这个基因的突变可能会使一个人无法卷舌。

腿

Leg

腿支撑着人类和其他动物的身体。膝盖和脚踝之间的部分称为小腿，膝盖和臀部之间的部分称为大腿。

大腿骨也称股骨，是人体最长、最强壮的骨头。大腿最大的肌肉是分成四块肌肉的股四头肌和分成三块长肌肉，位于大腿后部、膝盖以上的腘绳肌。这些肌肉帮助你行走、跳跃、攀爬和踢腿。小腿内有两根骨头，即胫骨和腓骨。小腿后部鼓起的部分叫腓肠。腿部肌肉有助于弯曲和伸直脚和脚趾。在股骨和胫骨之间的膝关节使腿能够前后运动。

延伸阅读： 脚踝；骨；脚；膝盖；肌肉；骨骼。

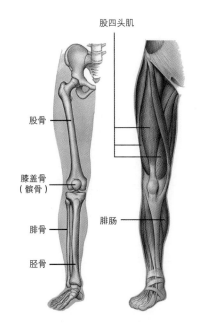

腿部包含强壮且能支撑身体重量的骨骼（左图），还有强壮的肌肉（右图），使人能够行走、踢腿、跳跃和攀爬。

褪黑素

Melatonin

褪黑素是一种激素。很多生物都可以生成褪黑素。在人体内，褪黑素主要由松果体制造。松果体是脑中一个微小的器官。对人来说，褪黑素可帮助入睡。

黑暗使身体产生褪黑素，光阻止褪黑素的产生。褪黑素有助于控制清醒和睡眠的生理周期。睡眠有困难的人可以服用褪黑素药物。科学家认为这些药物可能还有其他健康益处。

延伸阅读： 生物钟；腺体；睡眠。

臀部

Hip

臀部是腹部与大腿之间的身体部位，包括由髋骨和股骨头形成的关节。股骨头嵌入髋骨的一个孔中，这种结构称为球窝关节。该关节可以为大腿提供力量，并使其能够向各个方向运动。关节周围环绕着强有力的肌肉，这些肌肉使人可以站立、行走和奔跑。

随着年龄增长，股骨变得脆弱，股骨头很容易折断。外科医生可以使用钢钉将股骨头重新接上。许多关节炎患者饱受髋关节疼痛的折磨。髋关节骨折或关节炎患者可以进行髋关节置换术，这种手术中，医生使用一个金属球替换股骨头。有时，可以用一种塑料窝和金属球来替换整个髋关节。

延伸阅读： 关节炎；关节；腿；肌肉；骨骼。

臀部肌肉

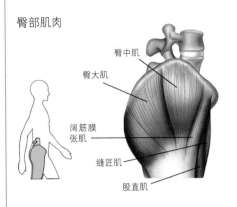

臀中肌
臀大肌
阔筋膜张肌
缝匠肌
股直肌

臀部骨骼

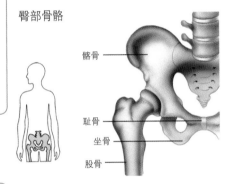

髂骨
耻骨
坐骨
股骨

臀部由坚固的骨头和有力的肌肉构成，这些肌肉使人们可以站立、行走、跳跃和奔跑。

脱水

Dehydration

脱水是指体内水分过少的状态。轻度脱水的人会感到口渴、烦躁和不舒服。中度脱水的人会感到虚弱、头晕，像生病了一样，也会出现头痛、肌肉痉挛或寒颤等症状。重度脱水可导致死亡。

运动时身体会因为出汗而失去大量水分，应多喝水以防脱水。

有些人由于疾病而经常呕吐，可能会造成脱水。在一些贫穷国家，这导致了许多婴儿和儿童死亡。医生可以为脱水的患者提供含糖和盐分的水。

延伸阅读： 肌肉痉挛；运动；头痛；汗液；呕吐。

运动时人们需要饮用大量的水或饮品来防止脱水。

脱氧核糖核酸

DNA

脱氧核糖核酸的英语缩写为 DNA (deoxyribonucleic acid)，是在每个生物的每个细胞中都存在的化学物质，携带指导生物生长和发育的指令。

在人类和其他动物中，DNA 位于细胞核内。细胞核是细胞的中心部分。细胞核中的线状结构称为染色体，染色体主要由 DNA 组成。DNA 分子的结构像扭曲的梯子。

带有遗传信息的 DNA 片段称为基因。基因有控制身体每个部位生长的指令，例如，一些基因决定你的眼睛是什么颜色，而另一些基因决定你的身高。个体的基因来自他的父母。

延伸阅读：染色体；克里克；基因；遗传学；遗传；细胞核；沃森。

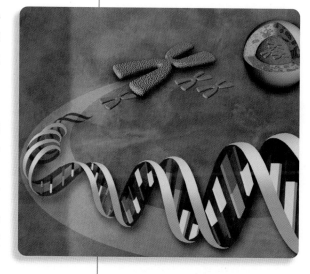

DNA 分子的结构像扭曲的梯子。这种结构称为双螺旋结构。

脱氧核糖核酸指纹分析

DNA fingerprinting

脱氧核糖核酸指纹分析是一种通过分析脱氧核糖核酸 (DNA) 来进行人体识别的技术。调查人员在调查刑事和其他案件中使用这种技术。DNA 在所有体细胞中都存在。在该技术中，调查人员从个体细胞中获取 DNA，将其与案件中收集的 DNA 进行比较。DNA 几乎存在于任何体液或组织的细胞中，包括血液、骨骼、毛发、皮肤或牙齿。两个不相关的个体几乎不可能具有相同的 DNA，因此可以根据 DNA 在案件调查中确定嫌疑人。

该技术还可以确定男性是否是孩子的亲生父亲，因为孩子会继承父亲一半的 DNA。

延伸阅读：细胞；脱氧核糖核酸；遗传学。

唾液

Saliva

　　唾液是口腔中产生的黏性液体，有助于分解消化食物。唾液看起来清澈如水，但它包含黏液。唾液有助于保护身体免受某些食物及饮料中的酸带来的伤害，还含有一种分解食物淀粉的物质。

　　唾液能润湿和软化人们所吃的食物，帮助人们咀嚼和吞咽，防止口干。

　　口腔和脸颊内有三对腺体可以产生唾液：一对在耳朵前面，另一对在下巴下方，第三对在舌头下面。口腔黏膜上还有一些小腺体，有助于唾液的产生。

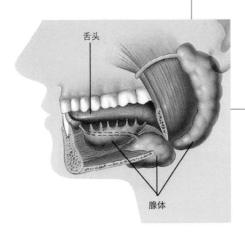

舌头

腺体

唾液由口腔和脸颊内的三对腺体产生，一对在耳朵前面，另一对在下巴下方，第三对在舌头下面。

外科手术

Surgery

外科手术是指外科医生给病人开刀来治疗疾病和损伤。

在一次外科手术中，必须将许多药品、工具和手术方法配合使用，才能保证病人安全舒适。手术还需要一些特殊的人员。这个团队通常由主刀医生、至少一名助理外科医生、一名麻醉师和一名或多名护士组成。麻醉师通过药物防止病人在手术过程中感到疼痛。

外科医生使用各种各样的工具来完成手术，这些工具包括剪刀、手术刀和牵引器。牵引器可以扩张手术面，其他工具可以切开体表并取出组织。激光是一种细而强大的光束，能用来进行非常精确的切割。缝合线是手术后用来缝合手术开口的线。外科医生使用的所有工具都必须以特殊方式清洗，这样能防止病菌在手术中进入病人体内。

外科医生有时会使用机器人来协助他们进行手术。机器人可以在病人体内的狭小空间中进行非常精确的移动。在某些情况下，外科医生可以控制机器人在另一个城市进行手术，这种手术形式称为远程手术。

延伸阅读： 麻醉；麻醉学；医学；器官捐赠；医生；整形手术；植皮术；移植。

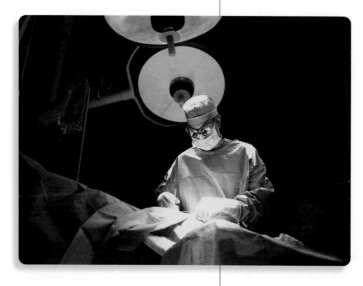

外科医生使用各种工具来进行手术，包括用来切割的手术刀和保持体位的夹子。

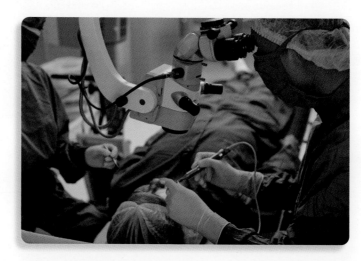

外科医生对病人进行眼科手术。

微生物学

Microbiology

微生物学是研究微生物的形态、分类、生理生化、遗传变异以及生态规律的科学。

微生物学家研究细菌、真菌、原生生物和病毒等微生物。许多微生物学家专攻某些类型的微生物。细菌学家研究细菌，病毒学家研究病毒。

许多微生物学家研究微生物与其他生物之间的关系。例如，他们研究微生物如何在人体内引起疾病。牙科微生物学家研究微生物在口腔中产生的影响，尤其是在蛀牙中。农业微生物学家研究植物和土壤中的微生物。

这位微生物学家正在实验室里研究细菌。

虽然有些微生物会导致疾病，但另一些微生物是有益的。生活在人类肠道中的细菌帮助人们消化食物。一些微生物，如酵母，被用来制造食物或给食物调味。一些微生物用于处理污水或清除污染。人们还利用一些微生物来制造药物或维生素。

微生物的直径一般小于 0.1 毫米。它们非常小，只有用可以将物体放大数千倍的显微镜才能看到。

延伸阅读：抗生素；细菌；生物学；疾病；病原微生物；青霉素；病毒。

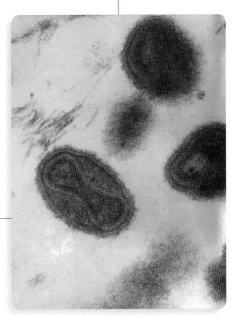

病毒学家研究病毒。这种天花病毒的图像是利用电子显微镜拍摄的。

维萨里

Vesalius, Andreas

安德烈亚斯·维萨里 (1514—1564) 是著名的解剖学之父。1543 年,维萨里出版了《人体的构造》一书。这是第一本关于人体解剖学的书,其中有详细的图画和描述。

维萨里从盖伦的著作中学习了解剖学。盖伦是古罗马帝国的一位医生。然而,当维萨里在人体上进行解剖时,他发现盖伦的许多说法不正确。维萨里写了《人体的构造》来纠正盖伦的错误。此外,该书还包含了许多以前未知的人体结构的描述。

延伸阅读: 解剖学;盖伦;医学。

维萨里

维生素

Vitamin

维生素是食物中有助于身体生长和保持健康的物质。有 13 种维生素,分别是维生素 A、C、D、E、K 和 8 种 B 族维生素。每种维生素都有特定的功能。例如,维生素 A 是健康皮肤和骨骼所必需的,存在于动物肝脏、鸡蛋和牛奶中。维生素 C 是将骨头连接在一起的韧带所必需的,也是伤口愈合所必需的,存在于水果和土豆中。维生素 D 预防危害骨骼的佝偻病,经常被添加到牛奶中。维生素 E 有助于体内细胞保持健康,存在于植物油和全麦谷物中。维生素 K 有助于使血液在伤口附近变稠,从而使伤口止血。花椰菜和绿叶蔬菜,如甘蓝菜和菠菜,富含维生素 K。

健康的人摄入维生素的最好方法就是均衡饮食。均衡饮食包括谷物、水果、蔬菜、牛奶或奶酪,以及肉类、豆类或坚果。有些人每天服用维生素片,以确保摄入足够的维生素。但某些维生素摄入过多也会使人生病。

一个人如果长期缺乏某种维生素,就会生病。科学家在寻找某些疾病的病因时发现了维生素。

健康所需的一些重要维生素

维生素	对身体的益处	在哪里获得该维生素
维生素 A	有助于保持皮肤、眼睛、骨骼、牙齿和各种身体系统的健康	胡萝卜、绿叶蔬菜、深黄色的水果与蔬菜、红薯、鸡蛋、动物肝脏和牛奶
维生素 B_1	有助于心脏和神经系统正常运转	豆类、坚果、某些肉类、谷物、酵母、营养面包及大部分蔬菜
维生素 B_2	有助于保持皮肤健康	奶酪、鱼、青菜、动物肝脏、牛奶、禽肉
烟酸	有助于保持皮肤健康	鱼、动物肝脏、面包、瘦肉、谷物
维生素 B_6	有助于身体消化脂肪、蛋白质、碳水化合物	鸡蛋、鱼、坚果、禽肉、谷物
维生素 B_{12}	有助于神经系统正常运转	鸡蛋、鱼、肉、牛奶
维生素 C	有助于强健骨骼与牙齿	哈密瓜、柑橘类水果、土豆、生卷心菜、草莓、西红柿
维生素 D	有助于身体消化钙和磷	鸡蛋、三文鱼、金枪鱼、牛奶；也可通过阳光照射形成维生素 D
维生素 E	有助于防止身体所需的脂肪酸燃烧	几乎所有的食物，尤其是人造黄油、橄榄和植物油

不同的维生素对身体有不同的作用。这张表格列出了身体所需的一些重要维生素、它们对身体的作用，以及在哪里可以获得这些维生素。

味觉

Taste

味觉是人和许多其他动物的重要感觉，感觉帮助我们了解周围发生的事情。我们的味觉帮助我们决定吃哪些食物。

当食物接触到味蕾时，我们便能品尝到食物。舌头不同部位的味蕾对不同的味道敏感，如酸或甜。食物中的一些味道最容易被舌头前部的味蕾所感知，另一些味道更

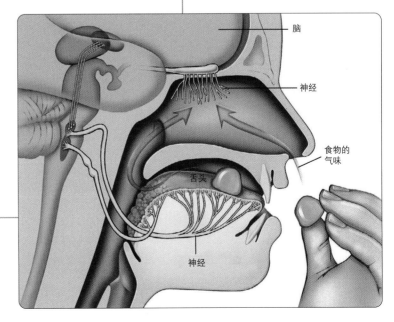

食物中的味道被舌头上的味蕾所感知，然后关于味道的信息通过神经传递到脑部。这些信息与有关食物气味的信息相结合。

容易被舌头背面或侧面的味蕾所感知。

　　当食物接触到味蕾时，它们会将有关食物的信息发送给神经。神经将这些信息传送到脑部，然后我们辨别出食物的味道。

味蕾内部

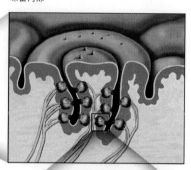

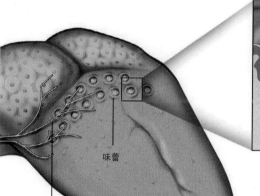

味蕾

神经

味蕾深部

舌头表面有许多味蕾。每个味蕾内部都有一群特殊的皮肤细胞。这些细胞接触微小的食物，然后将有关味道的信息发送给神经。

实 验

味觉测试

1. 将不同的食物放入碗或盘中。别让选手看到它们。

2. 让每个选手戴上眼罩。让选手们捏紧鼻子，尝一小口食物。

3. 每个选手品尝完食物后，请每个选手说出是什么味道。如果没有选手能说出来，那就让选手们不要捏着鼻子再试试看。

4. 用不同的食物轮流做测试。

你需要准备：

- 每个人的眼罩
- 每个人的勺子或叉子
- 不同口味的食物，如柠檬、咸饼干、黄油、醋、生苹果、生土豆、洋葱、果冻、蜂蜜和布丁

哪些食物的味道最容易辨别？

哪些食物的味道较难辨别？

胃

Stomach

　　胃是储藏和消化食物的器官。人的胃的形状像字母 J。食管从口腔延伸到胃的上端,胃的下端与小肠相连。

　　当食物到达胃部时,胃中黏稠的黏液使其保持湿润。胃的腺体制造一种液体来消化食物。

　　胃中的肌肉混合食物并将其移向肠道。当食物几乎是液体时,就会进入小肠。

延伸阅读: 消化系统;食管;食物;肠;黏液。

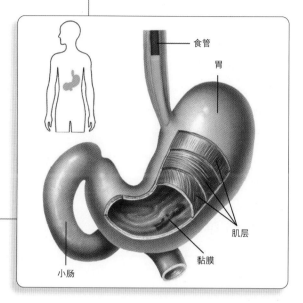

人的胃是腹部的囊状器官。黏膜排列在胃部,三个肌层组成胃壁。

稳态

Homeostasis

　　稳态是生物维持机体平衡状态的一种能力。例如,人类需要控制体温和血压稳定,如果无法做到,人就会生病或死亡。

　　为了维持机体稳定,生物必须随着环境改变而改变机体,这些身体变化称为稳态反射。例如,当某人在炎热天气外出时,身体就开始出汗,因为汗水蒸发可以为身体降温。如果没有这些反应,这个人的体温就会过高,随后身体细胞,尤其是脑细胞,就可能开始死亡。

延伸阅读: 人体;新陈代谢;汗液;反射。

人们在运动时会出汗,以维持体温稳定,这是稳态的重要部分。运动使身体变热,而出汗则会为身体降温。

沃森

Watson, James Dewey

詹姆斯·杜威·沃森(1928—)是一位美国生物学家。

在 20 世纪 50 年代,沃森与英国生物学家克里克合作研究脱氧核糖核酸(DNA)。DNA是细胞内携带基因的物质。基因是指导生物如何生长的化学指令,由父母传给子女。

沃森和克里克发现了DNA的双螺旋结构。他们发现它看起来像一个扭曲的梯子。DNA由两条互相缠绕的长链组成,这两条长链还通过许多短片连接在一起。1962 年,沃森和克里克因发现 DNA 双螺旋结构获诺贝尔生理学或医学奖。

1989—1992 年,沃森在马里兰州贝塞斯达的国立卫生研究院担任国家人类基因组研究中心(现为国家人类基因组研究所)主任。在这个职位上,他帮助启动了人类基因组计划项目,以确定整个人类基因组的化学组成。人类基因组包括在人类中发现的全套基因。该项目已于 2003 年完成。它为科学家提供了大量信息,可用于从医学到人类学再到刑事调查等各种领域。

沃森

延伸阅读: 克里克;脱氧核糖核酸;基因。

物理疗法

Physical therapy

物理疗法是指通过身体锻炼、特殊设备和其他方式来治疗疾病、损伤或残疾的方法。物理疗法由卫生保健专业人员——物理治疗师进行,他们通常在诊所、医院、残疾人学校、私人诊所和养老院工作。

物理疗法常用于治疗瘫痪和肌无力,这些症状可能是中风、骨折或其他伤害导致的。

物理治疗师还可以帮助人们学习如何使用支架、拐杖和轮椅。在物理疗法的帮助下，残疾人通常也可以过上正常的生活。

延伸阅读：残疾；运动；作业疗法。

物理治疗师让病人在水池中锻炼来帮助病人恢复力量，池中的水有助于支撑虚弱的肌肉。

物种

Species

物种简称种，是科学分类法中最基本的单位，指特定种类的生物。科学分类法是科学家对生物分类的方法。被归类到特定群体中的生物在某些方面是相似的，因为它们有着共同的祖先。

属于同一物种的动物在许多方面是相似的。例如，人类组成一个物种。与其他物种相比，人类之间有更多的共同点。黑猩猩是另一个物种。与其他动物相比，它们和人类更相近。不过，黑猩猩和人类也有很多不同，两者很容易分辨。

一般来说，只有同一物种之间才能繁殖。例如，人类父母孕育人类的孩子，但黑猩猩永远不会生下人类的孩子。

科学家用学名来定义每个物种，学名通常用拉丁语或希腊语表示。人类的学名是智人。

延伸阅读：科学分类法；达尔文；人类。

西尼罗河病毒

West Nile virus

西尼罗河病毒病是由西尼罗河病毒引起的疾病。该病毒会影响马、鸟和人类，因 1937 年发现于非洲的一个地区而得名，在非洲、欧洲、亚洲和中东引起了许多病例，20 世纪 90 年代，病毒蔓延到美国和加拿大。

西尼罗河病毒通过蚊子的叮咬从鸟类传播到人类。在大多数情况下，病毒会引起轻微症状，如发热和头痛，但该病毒会导致老年人或免疫力弱的人患上严重疾病或死亡。目前还没有治疗西尼罗河病毒病的方法或疫苗。人们可以通过避免蚊虫叮咬来降低感染西尼罗病毒的风险，例如，他们可以穿防护服，使用驱虫剂。

延伸阅读： 疾病；发热；头痛；病毒。

希波克拉底

Hippocrates

因为疾病有自然成因的观点，希波克拉底被称为"现代医学之父"。

希波克拉底（约前 460—约前 380）是 2000 多年前一位生活在希腊科斯岛上的医师。他是古代最有名的医生之一。

学者们认为希波克拉底撰写了大约 80 部医学著作。这些著作被收藏在亚历山大图书馆。希波克拉底改变了当时的医学理念。不同于使用魔法和巫术治病，希波克拉底认为疾病有自然成因，可以研究这些原因并将疾病治愈。

希波克拉底最著名的作品被称为希波克拉底誓言。在誓言中，希波克拉底承诺会竭尽全力救治患者。现在许多医生也会许下类似的誓言。

延伸阅读： 医学；医生。

膝盖

Knee

　　膝盖是大腿与小腿交接部分。内有股骨（大腿骨）下端、胫骨上端和髌骨构成的膝关节。膝关节像铰链一样前后运动。它也可以旋转，并从一侧略微移动到另一侧。髌骨是关节前方的小而扁平的三角形骨，能够保护关节。

　　股骨和胫骨与肌肉及韧带相连。肌肉使膝盖弯曲和伸直。韧带是强韧的组织，像绳索一样使骨头保持在适当的位置。软骨覆盖大腿骨和腿骨的末端，使得骨头易于彼此滑动。

　　延伸阅读： 骨；软骨；关节；腿；韧带；肌肉。

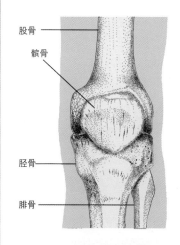

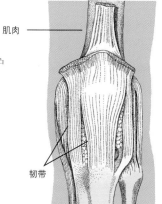

股骨（大腿骨）下端、胫骨上端和髌骨（膝盖骨）构成了膝关节。髌骨保护关节。肌肉使膝盖弯曲和伸直，韧带增加关节的稳定性。

细胞

Cell

　　细胞虽然很小，但却是生命的"基石"。除病毒以外，生物都是由细胞组成的。有些生物只有一个细胞，比如阿米巴虫、草履虫和细菌。植物和动物则由数以百万计的细胞组成，如人体含有超过10万亿个细胞。这些细胞非常小，用显微镜才可以看到。

　　身体内的细胞需要营养和氧气才能生存，血液将氧气和营养物质输送给身体内所有细胞。

　　人体内有许多不同类型的细胞，各

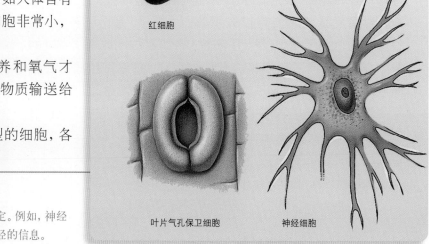

细胞的形态由其需要和功能决定。例如，神经细胞有许多分支来接收其他神经的信息。

自有不同的形状。有些细胞是圆形、饱满的；另一些则可能是瘦长形；还有一些看起来是星形、正方形、或其他形状。细胞也有不同的功能，而细胞的形状取决于它的功能。构成肌肉的细胞又长又细；而血液中的细胞看起来像是中间孔被填满的甜甜圈；神经细胞则有像树木一样的分支。

人和其他动物体内的细胞由不同的部分组成。动物细胞的外部包裹着一层薄薄的物质，称为细胞膜，它可以保护细胞的其他部分。细胞内部则有两个主要部分，分别称为细胞核和细胞质。

细胞核内保存着细胞的基因组——控制着细胞几乎一切活动的化学"指令书"。这份"指令书"是用 DNA（脱氧核糖核酸）"书写"的，通过基因顺序的不同排列组合来体现不同的"指令"。DNA 中携带的遗传密码使每个生物个体独一无二——它使狗区别于鱼，使斑马区别于玫瑰花；它使人们彼此不同。

生物的基因来自其父母。基因携带的信息决定了机体的形态和功能。例如，一些基因可以决定身高、眼睛和头发的颜色；另外一些基因则控制着生物活动使机体保持健康。这些基因存在于染色体中，染色体主要由 DNA 和蛋白质组成。

细胞质是细胞核和细胞膜之间的所有物质。细胞质包含许多较小的部分，每一个部分都有特定的功能，包括储存营养物质、将营养转化为细胞所需的能量，以及解决细胞可能存在的任何问题。

身体的细胞会进行繁殖。这意味着它们会自己复制自己：一个细胞通过分裂而变成两个细胞，这两个细胞将再次分裂，形成四个细胞。细胞不断分裂，产生越来越多的细胞——这就是身体的生长方式，也是身体替换死亡细胞的方式，因为身体中每天都会有数百万的细胞死亡并被替换。

当一个人生病时，通常是因为身体内的细胞出现了问题。而当细胞分裂超过应有的数量时，就会发生癌症，这些额外生长的细胞组织就是肿瘤。肿瘤可以占据身体的一个或多个部分，而医生则会试着去杀死肿瘤或者将它切除。

感冒是由病毒引起的疾病。病毒可以进入细胞内并将其控制，利用细胞产生更多的病毒。然后这些病毒会继续入侵其他细胞并重复以上过程。

有的人患有先天性疾病。在基因从父母传到子女的过程中，如果基因损坏就会产生这种情况。

延伸阅读：癌症；染色体；脱氧核糖核酸；基因；细胞核；肿瘤；病毒。

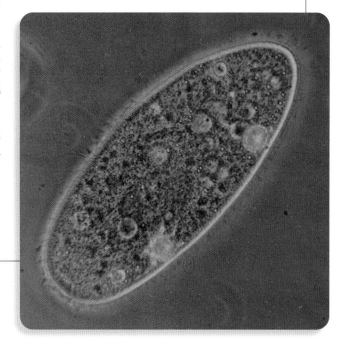

草履虫是由单个细胞组成的生物。它生活在池塘中，因为非常小，所以没有显微镜就很难看到它。

细胞核

Nucleus

细胞核是每个细胞的"控制中心"。细胞是生命的基本单位，几乎所有生物都是由细胞组成的。细胞核位于细胞的中心。每个细胞的细胞核有两个重要部分：染色体和核仁。

染色体是丝状或棒状小体，包含基因。基因指导生物如何成长。生物从它们的父母那里继承其基因。

核仁是细胞核内的球形小体，有助于将基因中的指令转换为细胞可以使用的形式。经过转换的化学指令会离开细胞核进入更大的细胞中。

延伸阅读： 细胞；染色体；基因。

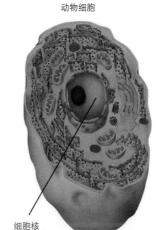

动物细胞

细胞核

细胞核位于细胞中心。该图显示了一个典型的动物细胞。

细菌

Bacteria

细菌是由单个细胞组成的微小生物。它们几乎无处不在。细菌太小，要用显微镜才能看到。

细菌有成千上万种。科学家根据形状将它们分组。细菌呈圆形、杆状或螺旋状。有些细菌看起来像弯曲的杆子。细菌可以单个、成对、成簇或者链状形式存在。

细菌几乎无处不在。空气、水和土壤上层中含有许多细菌。细菌可以生活在包括深海在内的海洋中，有些细菌甚至生活在地下和海底深处。细菌可以在其他生物无法生存的地方存活，例如，一些细菌生活在其他生物无法生存的热水中。

细菌有多种不同的生存方式。有些细菌像植物一样，利用太阳光的能量制造自己所需的营养物质。另一些细菌像动物那样，靠摄入食物生存。有些细菌以有毒的化学物质为食。

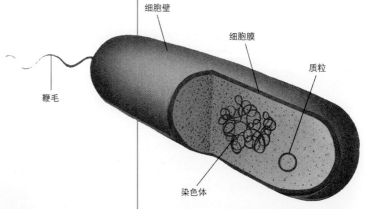

细胞壁

细胞膜

质粒

鞭毛

染色体

细菌由单个细胞组成。细胞有一层称为细胞壁的外保护层和一层称为细胞膜的内层。细菌的染色体携带基因，有些细菌的环状质粒上也携带基因。毛发状的鞭毛有助于一些细菌移动。

大多数细菌不会伤害人类。细菌遍布人体表面，也存在于体内。事实上，人体含有数万亿的细菌。细菌的细胞比人类和其他动物的细胞要小得多。肠道中有大量细菌，这些细菌有助于身体消化食物。

细菌在许多其他方面对人类有益。它们维护土壤和水环境，从而维持植物和动物的健康。人们利用某些细菌制作奶酪和许多其他食物。污水处理厂用细菌来清洁水体。细菌也可用于制造一些药物。

但是有些细菌对人体是有害的。它们可能导致疾病，包括肺炎、食物中毒和百日咳。细菌也会引起其他动物和植物疾病。

抗生素可以用于杀死细菌，防腐剂和消毒剂也有助于杀死皮肤和其他表面的细菌。用肥皂和清水洗手也可杀菌，还可以通过加热杀菌。高温经常用于杀灭食物和餐具（如叉子和勺子）上的细菌。

细菌可能是地球上最早的生物。已知最古老的化石（大约 35 亿年前）中已有细菌的踪迹。

延伸阅读： 抗生素；细胞；疾病；大肠杆菌；食物中毒；病原微生物；免疫接种；沙门氏菌病。

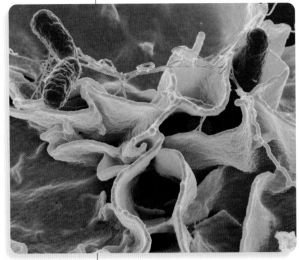

沙门氏菌可引起多种传染病，包括伤寒。

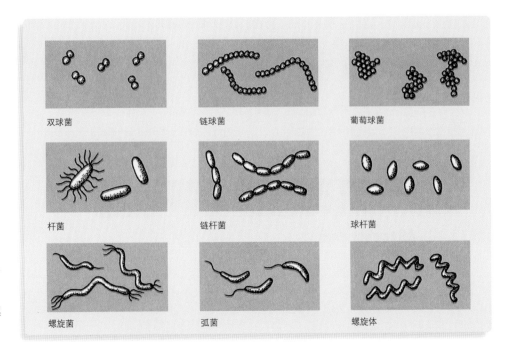

双球菌	链球菌	葡萄球菌
杆菌	链杆菌	球杆菌
螺旋菌	弧菌	螺旋体

细菌有多种形态。主要有三种类型：椭圆形的球菌；杆状的杆菌；螺旋状的螺旋菌。

下颌骨

Mandible

　　下颌骨是头骨中的一块。它形如马蹄。下巴就像马蹄的中心部分。马蹄的"臂部"沿着脸的侧面打开，延伸到太阳穴。

　　下颌骨的工作原理就像一个小齿轮。它能让嘴巴开合，有助于说话和吃饭。

　　下颌骨两侧附有特殊的咀嚼肌，这些肌肉有助于咀嚼食物。大多数舌肌也与下颌骨相连。

　　延伸阅读： 骨；消化系统；口腔；头骨；牙齿；舌头。

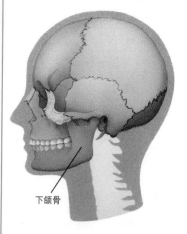

下颌骨

下颌骨是头骨中的一块。它帮助口腔咀嚼食物。

下丘脑

Hypothalamus

　　下丘脑是脑部的一个小区域，有助于控制身体的活动水平，如控制呼吸、血压和心率等。下丘脑制造激素，即控制身体活动的特殊化学物质。

　　下丘脑的某些部分控制体温、睡眠、饥饿、口渴和情绪。其他部分产生释放激素。释放激素通过血液到达脑垂体的前部。脑垂体产生控制生长的激素。其他垂体激素控制身体利用营养物质的方式。

　　延伸阅读： 血压；脑；激素；脑垂体；呼吸。

下丘脑通过神经细胞和血液发送开启和关闭信号来控制脑垂体。这些信息告诉脑垂体何时开始和停止释放某些激素。

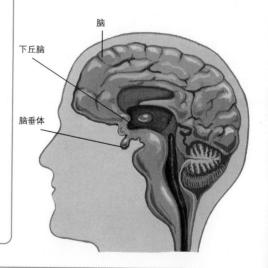

脑

下丘脑

脑垂体

线粒体

Mitochondria

线粒体是细胞的一部分，可呈圆形或杆状，还可以形成一个管状网络。

线粒体的功能是从食物中获取化学能，并将其转化为细胞可以利用的能量。线粒体利用食物中碳水化合物和脂肪的能量。碳水化合物存在于大米、面包、土豆等食物中。脂肪存在于肉类和油脂等食物中。

　　线粒体利用碳水化合物和脂肪分解时释放的能量制造一种新的物质。细胞利用这种物质来生长，并在体内进行其他生命活动。

　　延伸阅读： 碳水化合物；细胞；脂肪；食物。

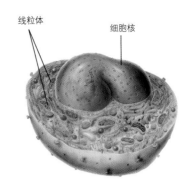

线粒体是细胞的一部分，它将来源于食物的化学能转化为细胞可以利用的能量。此图显示了细胞及其线粒体的横截面。

腺体

Gland

　　腺体是可以产生和释放身体所需化学物质的器官。大多数动物都有腺体。人体腺体有许多种，位于身体的不同部位。

　　腺体释放的物质有许多不同作用。例如，有些腺体的分泌物可以保持皮肤湿润，另一些则可以帮助我们消化食物，并长得更高更壮。

　　人类主要拥有两种腺体：内分泌腺和外分泌腺。内分泌腺将分泌物释放入血，由这些腺体分泌的物质称为激素。外分泌腺将分泌物释放至小导管内，这些导管可以通往身体的不同部位，例如皮肤、眼睛和胃。

　　延伸阅读： 肾上腺；激素；下丘脑；脑垂体；甲状腺。

这幅图展示了一些主要腺体。内分泌腺将分泌物释放入血，外分泌腺则将分泌物释放至导管内。

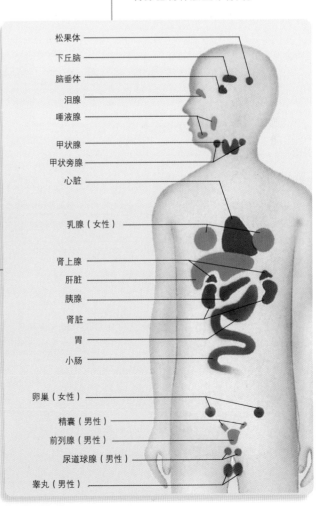

- 内分泌腺
- 外分泌腺
- 同时拥有内分泌功能和外分泌功能的腺体

腺样体

Adenoids

　　腺样体是位于咽喉上方的组织团块，是扁桃体的一种。其余的扁桃体位于咽喉下段。医生认为扁桃体可以保护肺部和消化系统免受感染。消化系统包括胃和肠道。

　　大多数新生儿的咽喉上方都有组织团块。到孩子10岁时，这些团块通常会自动消失。但有时团块会变大，这些团块被称为腺样体。

　　腺样体柔软而富有弹性，细菌可以在其中繁殖。当细菌感染时，腺样体会肿胀。腺样体感染会引起喉咙痛，肿胀也可导致呼吸困难。有时腺样体感染会引起耳部感染。医生可能会切除反复感染的腺样体。

　　延伸阅读： 消化系统；耳部感染；炎症；淋巴系统；扁桃体。

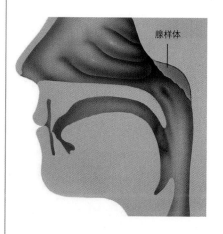

腺样体位于咽喉后部的上方。它们有时肿胀变大，导致经鼻呼吸困难。

消毒剂

Disinfectant

　　消毒剂是一种用于杀死病原微生物的化学物质，只用于非生物，如为医疗器械消毒或清洁地板，而不能用于生物。防腐剂可以用于生物。

　　有许多不同种类的消毒剂。有些用于杀死公共供水中的病菌，预防疾病的传播。还有一些用于清洁家里的地板、墙壁和其他物体。人们经常在厨房和浴室使用消毒剂。

　　强力的消毒剂用于医院和其他医疗保健场所，可以杀死许多导致危险疾病的病菌。

　　许多消毒剂中添加了洗涤剂，让消毒剂也有清洁作用。

　　延伸阅读： 疾病；病原微生物。

人们通常在浴室使用消毒剂来杀死病菌。

消化道

Alimentary canal

消化道是体内的一条长长的管道。它是进食和食物消化的地方。

消化道始于口腔,包括食管、胃、小肠、大肠以及直肠。食管是连接口腔和胃的管道。直肠是食物残渣离开身体的地方。

当食物通过消化道时,它被磨碎并与消化液混合。消化后的食物被吸收进入血液。未消化的食物残渣通过直肠排出体外。人类消化道长约9米,但它有很多褶皱以适应体内结构。与食肉动物相比,食草动物通常有更长的消化道。

延伸阅读: 肛门;结肠;消化系统;食管;食物;肠;口腔;胃。

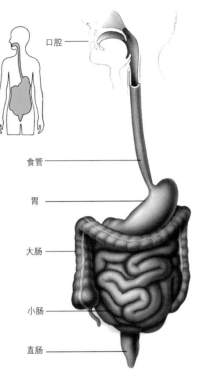

口腔
食管
胃
大肠
小肠
直肠

消化道

消化系统

Digestive system

消化系统是能将食物分解成微小碎片的器官的总称。身体可以吸收利用这些微小的食物碎片,从而获取能量并生长。

消化从口腔咀嚼开始。咀嚼将食物分成小块,食物在口中与唾液混合,唾液有助于咀嚼和吞咽。吞下的食物沿着食管进到胃里,胃中有能更容易分解食物的分泌物。

细碎的食物混合物继续进入小肠,小肠中的消化液将食物分解得更小。其中一部分消化液是由胰腺分泌的,其他的(如胆汁)则由肝脏分泌,胆汁在进入小肠之前储存在胆囊中。

在小肠中,食物性营养物质进入血液。血液将其输送到身体的各个部位。

消化吸收后剩下的物质都是身体不需要的物质,这种物质储存在大肠中。大肠的最后一部分称为直肠,直肠储存的

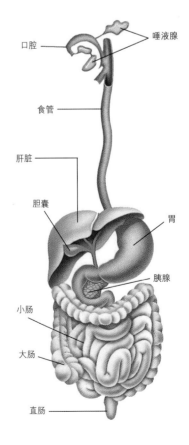

口腔
唾液腺
食管
肝脏
胆囊
胃
胰腺
小肠
大肠
直肠

消化是将食物分解成身体可以吸收利用的简单物质的过程。消化系统包括该过程中涉及的所有器官。

废物称为粪便,粪便通过肛门排出体外。

　　延伸阅读:肛门;结肠;酶;食管;食物;胆囊;肠;肝脏;胰腺;唾液;胃。

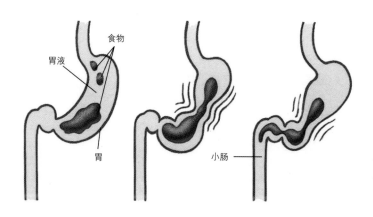

胃部在吞咽下的食物中加入胃液并搅动,使得食物中的蛋白质分解。部分消化的食物从胃中排出。

硝酸甘油

Nitroglycerin

　　硝酸甘油是一种烈性爆炸物。它可用作炸药,也可用作治疗心脏病的药物。

　　硝酸甘油在 1846 年由意大利化学家索伯雷罗(Ascanio Sobrero)发现。但硝酸甘油作为爆炸物并不稳定。大约 20 年后,瑞典化学家诺贝尔(Alfred Nobel)发明一种安全使用硝酸甘油的方法。诺贝尔将他的发明称作炸药。直到 20 世纪 50 年代前,它都是使用最广泛的爆炸物。

　　索伯雷罗曾尝过硝酸甘油,这导致他出现了剧烈的头痛。医生知道另一种叫作亚硝酸戊酯的物质也会引起剧烈的头痛,但它能帮助患有胸痛的病人。这使得他们尝试将硝酸甘油作为药物。今天,医生用硝酸甘油治疗胸痛。

　　延伸阅读:药物;心脏。

硝酸甘油可用于治疗某些心脏疾病。

小脑

Cerebellum

　　小脑是脑的一部分,有助于控制人体平衡、姿势和运动。

　　小脑位于脑的后部,在脑的最大部分——大脑之下。神经细胞负责在小脑和大脑之间传递信息。

　　一些疾病或损伤可以杀死小脑中的神经细胞。如果发生这种情况,病人很难保持平衡,拿东西也将变得十分困难。

　　延伸阅读: 脑;大脑;神经系统。

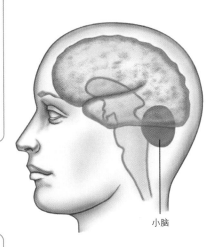

小脑位于脑的后部,在脑的最大部分——大脑之下。

小脑

哮喘

Asthma

　　哮喘是一种使人呼吸困难的疾病。哮喘发作时,人会感到呼吸困难,可能会出现喘息,或胸部发出哮鸣音的症状,也可能咳嗽、喘气和胸闷。

　　许多情况都可能导致哮喘发作。哮喘常由过敏引起。即使非常常见的物质也可能引起过敏,从而引发打喷嚏、瘙痒等问题。可能引起过敏的物质包括室内灰尘、食物或花粉等。

　　医生可以使用药物来缓解哮喘症状。他们还可以通过注射(打针)减少或预防引起哮喘的过敏。

　　延伸阅读: 过敏;抗组胺剂;疾病;呼吸。

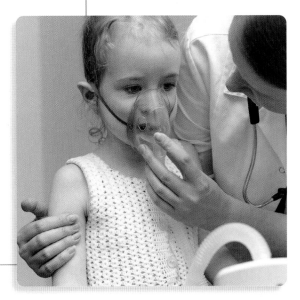

医生给一名患有哮喘的小女孩佩戴口鼻面罩供氧以帮助她呼吸。

心理学

Psychology

　　心理学是主要研究脑部如何运作以及人类和其他动物行为的学科。

　　心理学家主要研究人的行为。他们研究人如何看、听、闻、尝和感觉事物，探索人如何学习、思考、记忆和遗忘，试图搞清楚是什么让人快乐、生气和恐惧。心理学家帮助很多人学会如何更好地和他人相处以及如何让自己的生活更快乐。有些心理学家也会研究动物的心理，比如大猩猩，以此来了解人类心理的发展。

　　心理学与医学的一个分支学科——精神病学类似，精神科医生可以诊断病人并给出药方，但心理学家并非都是医生。

　　延伸阅读： 行为；情绪；精神疾病；思想；精神病学。

心脏

Heart

　　心脏是推动血液循环，为身体提供动力的"泵"，它位于胸腔内、两肺间。成人心脏大小与他的拳头相当。

　　随着每次搏动，心脏都会向全身输送血液，使血液能够将氧气和营养物质输送至身体各个部分。心脏约在出生前七个月开始搏动。当心脏停止搏动，除非有机器可以保持血液继续流动，否则人就会死亡。

　　心脏由两个相邻的"泵"构成。静脉将血液从身体各部分运至右

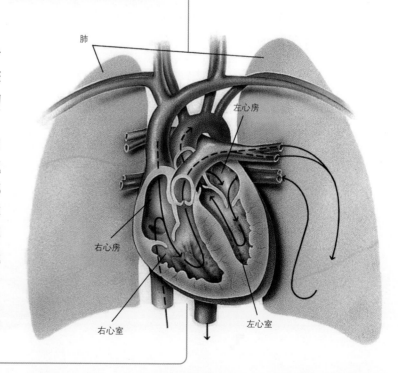

心脏位于胸腔内，两肺之间，共有4个腔室：(1)右心房；(2)左心房；(3)右心室；(4)左心室。心室将血液泵至全身，心房接受回流的血液并将其送入心室。

心，右心将血液泵至肺部。在肺部，血液摄取氧气，随后流至左心，左心再将血液通过动脉泵至身体各个部分。心脏每分钟都在将血液泵至全身。

夜间身体需氧量降低，心跳变慢。当人在跳绳或骑自行车时，心跳会显著加快；当人在面对危险或逃跑时，心跳也会加速。在这些情况下，身体的需氧量增加。

延伸阅读： 主动脉；动脉；血液；血压；血管；循环系统；心脏病发作；脉搏；静脉。

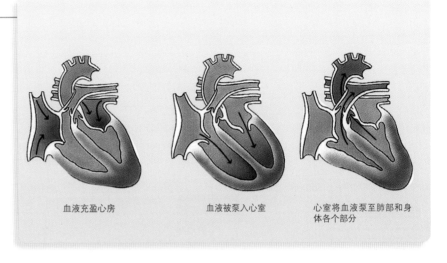

血液充盈心房　　　　　血液被泵入心室　　　　　心室将血液泵至肺部和身
　　　　　　　　　　　　　　　　　　　　　　体各个部分

心脏搏动是一串连续的过程，随着血液充盈心房（心脏上部的腔室）的同时，心室（心脏下部的腔室）则将血液泵出。

测量你的脉搏

　　心脏不停地工作。你可以通过测量脉搏——心脏每分钟搏动的次数，来衡量你的心脏工作强度。脉搏越快，心脏工作强度越大。

你需要准备：

- 钢笔或铅笔
- 纸
- 尺子
- 秒表

1．做一张如图所示的表格，在表格的左侧写下心率，由下至上从40到160，在表格底部写下活动项目，从"静息"开始。

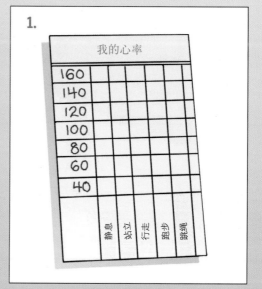

2．安静休息几分钟，然后数出你的脉搏。用手指（非拇指）在手腕处感受，找到可以摸到脉搏的地方，然后数一分钟，在表格中记下"静息"状态的搏动次数。

3．每种运动做一分钟，数出脉搏，并记下数字。两种运动之间休息几分钟。哪种运动下你的心脏工作强度最大呢？

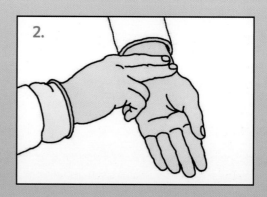

心脏病发作

Heart attack

心脏病发作是由于一团血凝块阻塞住了冠状动脉。冠状动脉为心脏供血,并带去心脏工作所需的养分和氧气。当冠状动脉被堵塞时,血液无法运往心脏,养分和氧气也不能到达心脏,导致心肌受损。如果供血在短时间内无法恢复,患者可能会丧命。

心脏病发作时,体内的一些化学物质会攻击血凝块以将其分解。现在,医生也会给患者用药以溶解血块。心脏病发作的患者必须尽快就医。

心脏恢复正常后,患者应当慢慢增加运动量,同时需要合理膳食,有时还需要用药。

延伸阅读: 动脉硬化;动脉;血凝块;血管;心脏。

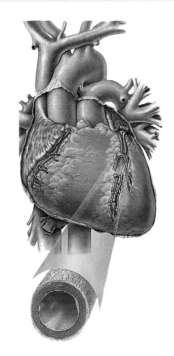

心脏病发作是由于血凝块堵塞了为心脏供血的动脉。健康的动脉(上图)中血液可以顺利流淌,而受损动脉(左上图)则可能被血凝块堵塞。

心脏病学

Cardiology

心脏病学是研究心脏病的医学领域。

心脏病专家通过对患者检查和问询来排查心脏病。他们可能会询问患者是否有相关症状,如胸痛、呼吸急促和脚踝肿胀等。这些症状可能意味着患者患有心脏病。接下来心脏病专家会对患者进一步检查,比如测量血压、观察胸部的心跳并听取有无特殊心音。此外心脏病专家也可能进行实验室血液检查。

如果检查到了心脏病,心脏病专家会推荐对应的治疗方案。心脏病患者通常需要药物或手术治疗。

延伸阅读: 动脉硬化;血压;心脏;心脏病发作;医学。

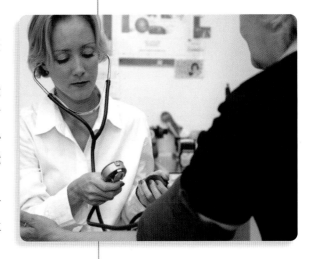

心脏病专家在测量患者的血压。如果确诊为心脏病的话,他们会确定相应的治疗方案。

心脏起搏器

Pacemaker

心脏起搏器是一种可以帮助某些心脏疾病患者的小型设备，通过手术植入到人的胸部内。

人类和许多其他生物的心脏以一定的节律搏动。这种节律由电信号控制，这些信号由医生称为心脏自然起搏点的窦房结发送。但有时候，某种疾病或某类药物会让人的心脏跳得太慢或太快。如果手术无法修复窦房结，医生可能会植入一个心脏起搏器。

心脏起搏器使用电池。电池发送控制心脏搏动的电信号。

延伸阅读： 心脏；脉搏；外科手术。

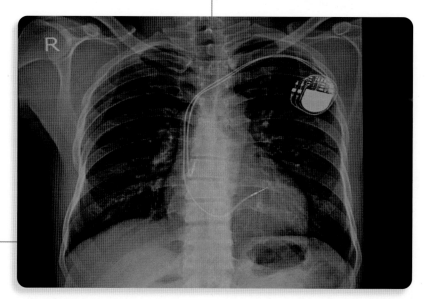

在这张 X 光片中，可以在人的胸部内看到心脏起搏器。该设备使用电信号来帮助控制心脏搏动。

新陈代谢

Metabolism

新陈代谢是活细胞内发生的化学过程。细胞是生命的基本单位。通过新陈代谢，它们制造生命所需的物质和能量。

新陈代谢将食物转变为能量、水或废物。人和其他动物每年都会吃下自己重量许多倍的食物，但他们并没有增加那么多重量，这是因为新陈代谢将大部分食物转化为了能量和废物。

新陈代谢有两个方面。一方面，它分解一些化合物来制造能量；另一方面，它生成身体工作和成长所需的化合物。

延伸阅读： 细胞；生命；甲状腺；体重控制。

猩红热

Scarlet fever

　　猩红热是一种疾病，多发于儿童，并通过人际传播。它会引起亮红色皮疹，故名。人们通过接触患病人群传播的细菌而感染。这些细菌会产生毒素，毒素会影响皮肤、舌头和喉咙。

　　猩红热曾经是一种严重的、传播广泛的疾病。自20世纪50年代以来，因为抗生素的使用，患该病的人越来越少。

　　猩红热有时会与脓毒性咽喉炎一起发生。患有这两种疾病的病人都有喉咙痛、发烧、头痛等症状，舌头可能变得非常红。大多数时候，疾病会在两周后痊愈。

　　延伸阅读： 抗生素；细菌；疾病；皮肤；舌头。

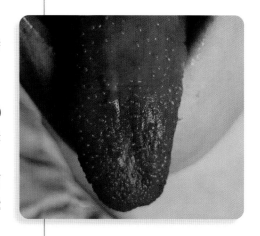

猩红热可能引起舌头变红，称为草莓舌。

行为

Behavior

科学家通过研究野生动物来了解行为。

　　行为是指人类和其他生物的行动方式。科学家以多种方式研究行为。他们可以在实验室里进行动物实验，也可以研究人类群体。研究行为的科学家主要是心理学家。

　　有些行为是出自本能的——也就是说，它们是自然发生的。这种行为不需要学习。例如，一只鸟天生就知道如何筑巢，它不必通过观察其他鸟类来学习筑巢。

　　很多其他行为都是后天习得的，尤其是在聪明的动物和人类中。人和动物可以通过多种方式来学习行为。一种方法是模仿别人，另一种方法是条件作用。在条件作用下，某些行为会得到奖励，而其他行为则会受到惩罚。人类和动物学习能带来奖励的行为，而避免导致惩罚的行为。

　　延伸阅读： 攻击性行为；注意缺陷障碍；学习；动机；精神病学；心理学；自杀。

性别

Sexuality

　　人们用性别来区分男性和女性。身体结构上的差异是决定我们性别的重要因素，但性别也与我们内心的感受和行为方式有关。

　　性别会影响我们如何看待自己在生活中的角色，特别是在家庭关系、学校、工作场所和社区中。性别有助于我们确定对爱情和性关系的态度，它在一定程度上决定了我们被谁吸引以及我们在一段关系中如何表达自己。

　　生物因素是影响性别最显著的因素。男性和女性的生理结构不同。个人信仰、情绪和感受也会影响我们的性别观念。在我们幼年时，通常会形成我们是男性或女性的概念。我们也会去了解男性或女性在社会中的行为。不同文化的性别观念有很大不同。有时一个人的生理性别与心理性别是不同的。

　　延伸阅读： 青少年；行为；同性恋；月经；怀孕；人类生殖；性传播疾病。

青春期正是大多数人建立自己的性别观念的时候。

性传播疾病

Sexually transmitted disease

　　性传播疾病是一种通过性接触传播的疾病，是由细菌、病毒和其他种类的病菌引起的，是困扰世界各地的主要健康问题。艾滋病是一种由人类免疫缺陷病毒导致的致命性传播疾病，其他常见的性传播疾病包括衣原体感染、淋病、生殖器疱疹和梅毒。

　　怀疑自己患有性传播疾病者应立即就医，并停止所有性行为直至医生告诉他们没有患病，以确保不会传染给其他人。

　　避免性传播疾病的最有效方法是不发生性行为。每人只有一个性伴侣或者使用安全套都可以降低感染的风险。安全套是性交期间戴在阴茎上的保护性橡胶套。吸毒和嫖娼会提高感染性传播疾病的风险。

患有性传播疾病的人可能没有或很少有症状，需要医学检查才能确诊。

医生使用抗生素来治疗许多性传播疾病。只要治疗及时，衣原体感染、淋病和梅毒可以治愈。如果治疗不及时，情况可能恶化甚至危及生命。

由病毒引起的性传播疾病是无法治愈的，包括疱疹和艾滋病。患者可以携带并传播这些病毒多年而不出现任何症状。

延伸阅读： 艾滋病；抗生素；疾病；人乳头瘤病毒；性别。

胸腺

Thymus

胸腺是胸部上方的腺体，在身体的免疫系统中起重要作用。免疫系统可以抵御疾病。胸腺位于胸骨后面。

胸腺可以产生淋巴细胞。淋巴细胞是白细胞中的一种，可以抵御疾病。淋巴细胞是在骨髓中形成的，骨髓是长骨中心的一种组织。T 淋巴细胞从骨髓进入血液，随后移动到胸腺，在那里开始发育。发育完全的 T 淋巴细胞可以攻击细菌、癌细胞和病毒等有害物，从而保护机体。

延伸阅读： 腺体；免疫系统；淋巴系统；白细胞。

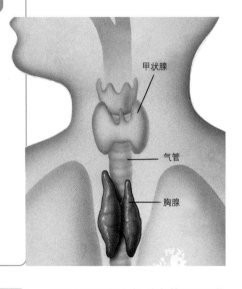

胸腺位于胸部上方、在气管前和甲状腺下方。

甲状腺

气管

胸腺

休克

Shock

当血液在体内无法正常流动时就会发生休克。严重的疾病或外伤都能诱发休克，休克也可能是由情绪引起的应激反应。如果休克时间过长却未得到有效的治疗则会影响身体重要器官的功能，甚至危及生命。

休克的表现有大量出汗、焦虑不安和虚弱。大多数情况下，病人的心跳会加快，呼吸变得急促且不均匀。继而，大脑会出现供血不足的情况，导致病人失去意识。

　　对于休克病人来说保持体温是非常重要的，病人如果处于寒冷的环境中需要用毛毯来保暖，反之则需要移至阴凉处。

延伸阅读： 血液；意识；情绪。

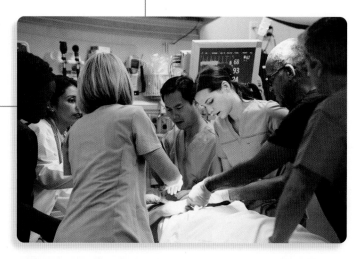

医生和护士在急诊室中治疗休克病人。

嗅觉

Smell

　　嗅觉是人类和其他动物的重要感觉。人类在很多事上使用嗅觉。例如，嗅觉帮助我们闻食物的气味，当我们的鼻子被塞住时，就很难闻出食物的气味了。有些动物利用嗅觉来识别自己的家以及其他动物，还利用嗅觉来寻找食物。

　　人和其他动物通过呼吸或嗅出带有气味的空气来感知气味。气味来自微小的粒子，这些粒子由许多不同的物质释放到空气中，使鼻子中的特殊细胞向脑部发送信息。当脑部接收到这些信息时，就会感知到气味。

延伸阅读： 脑；鼻；感觉；味觉。

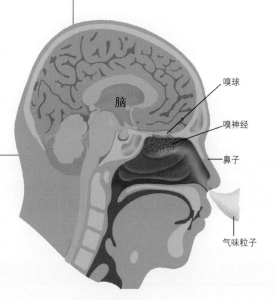

气味粒子穿过鼻子，刺激嗅神经。嗅神经向嗅球发出脉冲，嗅球将信息传递给脑部。

实 验

测试你的嗅觉

1. 准备一些小罐子，每个罐子里放一点不同气味的食物或香料，别让选手们看到。

2. 让每个选手戴上眼罩。打开一个罐子，让每个选手都能闻到。

3. 当每个选手都闻到罐子的气味后，让每个选手说出气味的名称。

4. 用不同气味的罐子重复一遍。

你需要准备：

- 每个选手的眼罩
- 10 个带盖子的小罐子
- 10 种不同的有强烈气味的食物或香料，如香草、花生酱、洋葱、鼠尾草、肉桂和薄荷

当选手闻到所有罐子的气味后，问他们哪种气味最容易辨认。

酗酒

Alcoholism

酗酒是一种严重的疾病，患有该病的人有强烈的饮用酒精饮料欲望。

很多人喜欢酒精饮料的放松效果。许多成年人喝酒精饮料，但不会长期大量饮酒。酗酒者几乎无法控制自己的饮酒量。没有他人劝阻，他们就不能停下来。可以通过治疗帮助酗酒者戒酒。

酒精会影响全身。酗酒引起的健康问题包括对大脑、胃和心脏的损害。肝脏问题在酗酒者中尤为常见，包括一种叫作肝硬化的疾病。酗酒还有可能导致车祸、摔倒和其他事故。

延伸阅读：肝硬化；疾病；药物滥用；肝脏。

穴居人

Cave dwellers

穴居人是指居住在洞穴中的人。有些人认为所有的早期人类都住在洞穴里，但这并不正确。因为有些洞穴非常黑暗、潮湿，住在这样的洞穴内会非常危险；而有的地方则根本没有洞穴。

但事实上确实有很多早期人类生活在洞穴内。探险家在洞穴中找到了数千年前的绘画、工具和骨架。

现在，西班牙和其他地区的一部分人群仍然居住在洞穴中，因为洞穴冬暖夏凉。

延伸阅读：考古学；史前人类。

阿那萨齐人，也称古普韦布洛人，在公元1000—1300年居住在这些峡谷岩壁上建造的房间里。这些绝壁宫殿的遗址，位于美国科罗拉多州梅萨维德国家公园的阿那萨齐村，距今已有近千年的历史。

学习

Learning

学习是让生物获取更多信息或经验的过程，是心理学的一个重要研究领域。学习的方法有很多，主要包括条件反射、实践和顿悟。

新的刺激触发一种与旧的刺激触发的类似的行为时，就是发生条件反射了。刺激是影响感官的事物或情境。例如，品尝柠檬汁可以使人流口水。现在想象一下，每次品尝果汁时都会敲响铃铛。最终，当铃声响起时，人就会流口水。这个人已经适应了对新刺激做出反应。

另一种学习的方式是实践。当我们学习复杂动作时，我们首先学习一系列简单的动作。我们通过实践将这些结合起来，形成更复杂的动作。顿悟指突然察觉到问题解决的办法，它是通过理解事物各个部分之间的关系实现的。

幼儿通过玩耍学习简单的动作并将其组合成复杂的动作。

延伸阅读：儿童；智力；学习障碍；思想；心理学。

学习障碍

Learning disability

学习障碍是影响一个人学习能力的问题。学习障碍儿童可能非常聪明。他们看得清楚、听得明白，但他们似乎不能像其他大多数孩子一样发挥学习潜力。他们在学校的表现可能很差，或者无法达到他们应有的水平。学习障碍会影响注意力集中、协调、语言和记忆等基本技能。有些学习障碍儿童在说话、理解言语或集中注意力等方面有困难，有些学习障碍的儿童很难学会阅读、拼写或数学运算。学习障碍儿童在学习时需要特别的帮助，从而让他们克服困难，在学校获得成功。

延伸阅读：注意缺陷障碍；自闭症；儿童；残疾；阅读障碍；多动；学习。

血管

Blood vessel

血管是体内输送血液的管道。人和其他动物都有血管，这些血管在一个称为循环系统的大网络中连接在一起。心脏也是循环系统的一部分，它通过血管输送血液。

血管有三种，分别是动脉、静脉和毛细血管。动脉将血液从心脏运出。一些动脉中的血液流经肺部，在肺部吸收氧气，氧气是存在于我们呼吸的空气中的气体。人体细胞需要氧气才能存活。另一些动脉中的血液将氧气和微量的营养物质输送到身体的各个部位。

血液从动脉流向更小的毛细血管。毛细血管的管壁很薄，血液中的营养物质和氧气可以直接通过它们，进入构成人体肌肉、器官和其他组织的细胞。毛细血管中的血液随后会带走二氧化碳和其他废物。

血液携带这些废物流入静脉，静脉将血液运回心脏。血液回流到肺部，二氧化碳被排出。当我们呼气时，二氧化碳便被排出体外。

延伸阅读：动脉；毛细血管；二氧化碳；循环系统；心脏；呼吸；静脉。

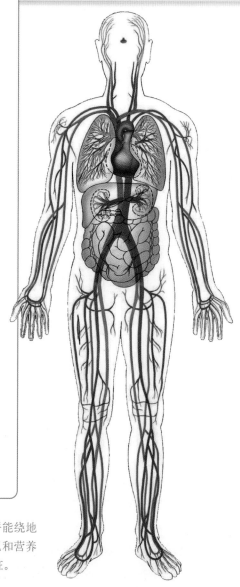

一个成年人体内大约有 96000 千米长的血管——几乎能绕地球 2.5 圈。动脉 (红色) 将血液输送到肺部，并将氧气和营养物质运送到身体组织。静脉 (蓝色) 使血液回流入心脏。

血管造影

Angiogram

血管造影是血管的 X 射线照片。X 射线是一种无形的光束，可以穿透身体。医生使用 X 射线来呈现人体骨骼和内脏器官的影像。

医生使用血管造影来寻找血管内堆积的脂肪物质，这些脂肪沉积物可以阻断血液的流动。血管阻塞可能导致心脏病发作或其他问题。

进行心脏血管造影时，医生将一根导管插入手臂或腿部的血管中，通过血管将导管推送到接受检查的器官，经导管喷射染料。这种染料使器官的血管在 X 射线影像中显现出来。

延伸阅读：动脉硬化；动脉；血管；循环系统；心脏。

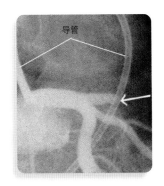

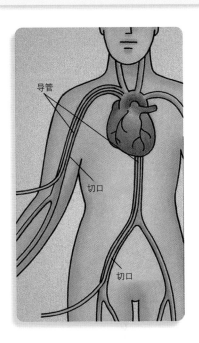

为了进行心脏血管造影，一根导管通过手臂或腿部切口插入血管。

在这张血管造影照片中，染色后的动脉呈白色线状链。箭头指示被阻塞的动脉。

血红蛋白

Hemoglobin

血红蛋白是在血液中运输氧气的物质，存在于红细胞中，使血液呈现红色。当红细胞通过肺部时，细胞内的血红蛋白就与氧气结合。随着红细胞流过全身其他部位时，血红蛋白就将氧气释放，并与红细胞带入肺部的二氧化碳结合。肺可以将来自全身的二氧化碳释放。血红蛋白含有铁以及一种称为球蛋白的蛋白质。体内血红蛋白含量不足的人可能会患贫血。一些毒物也可以与血红蛋白结合，使血红蛋白无法再与氧气结合。一氧化碳就是其中之一。

延伸阅读：贫血；血液；一氧化碳；毒物；红细胞。

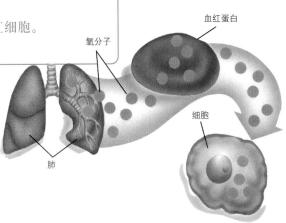

空气中的氧气被吸入肺部，在这里氧气进入血液。大多数的氧气都与血液中的血红蛋白结合。血红蛋白可以将氧气运输至身体细胞。

血浆

Plasma

血浆是血液的液体部分，人类和动物的血液中一半以上都是血浆。

血浆中有三种血细胞，分别是：(1) 红细胞；(2) 白细胞；(3) 血小板。血浆将血细胞运输到全身，还把微量的糖和其他重要的化学物质输送到身体的细胞中。

医生有时会给异常出血或患有某些其他疾病的病人注入血浆，在手术中也会经常用到血浆。

延伸阅读：血液；循环系统；红细胞；白细胞。

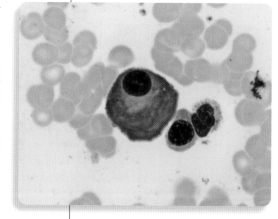

血液由悬浮在血浆中的细胞组成。

血凝块

Blood clot

血凝块是血液中的一个厚团块。它在血管内形成，血管是将血液输送到身体各个部位的管道。血凝块可阻止血液从破裂的血管中流出。如果没有血凝块，即使是很小的伤口，人也会流血而亡。

血液中含有血小板。当血管受损时，血小板黏附在受损部位形成一个栓子。血小板释放出特殊的化学物质，促使血液形成一种黏性蛋白质——纤维蛋白链。纤维蛋白将血小板和其他血细胞结合在一起，形成血凝块。

血凝块使我们免于流血而亡，但在某些情况下，血凝块会在体内脱落。如果血凝块进入心脏，就会引起心脏病发作。如果它进入大脑，就会引起中风。心脏病发作或中风都可能导致死亡。

延伸阅读：出血；血液；血管；心脏病发作；中风。

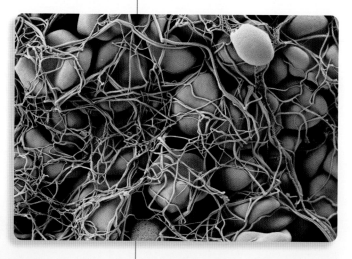

蛋白质的黏性链——纤维蛋白与血液中的细胞结合，形成血凝块。

血清

Serum

　　血清是血液形成血凝块后留下的清澈液体，它类似于血浆，但与血浆不同，血清中不含导致血液凝结的物质。医生有时会提取一个人的血清样本，他们可以通过检查血清来发现某些疾病。

　　血清含有无机盐、蛋白质、糖类、脂肪和其他物质，同时还含有一些抗体。抗体是机体为对抗有害物质而产生的蛋白质。

　　医生有时会从人或动物血液中提取含有抗体的血清，然后将他们注射到患者体内。这样的治疗称为抗血清治疗，适用于治疗狂犬病、毒蛇咬伤和蜘蛛叮咬等。

　　延伸阅读：抗体；血液；血凝块；循环系统；血浆。

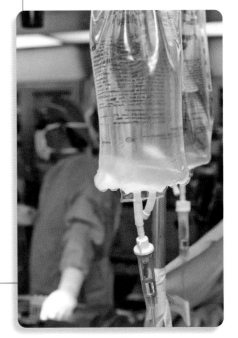

当患者因为外伤而损失大量血清时，医生会使用一种特殊的液体来暂时代替它。

血细胞计数

Blood count

　　血细胞计数是一种测量人体血细胞数量的检测。它还可以测量血液中血红蛋白的含量。血红蛋白存在于红细胞中，是使血液呈现红色的物质。它协助血液将氧气从肺部输送到身体的其他部位。

　　该检测可以用针头采血来进行，也可经针刺手指来进行。实验室工作人员将血液和一种特殊的液体混合以防止凝血。工作人员使用电子设备来测量血细胞数量和血红蛋白含量。

　　工作人员将一层薄薄的血液涂在一块玻片上，在显微镜下对比红细胞和白细胞的数量。白细胞过多可能意味着这个人有细菌感染。如果血液颜色较浅，这个人可能患有贫血。贫血时，体内没有足够的红细胞。

　　延伸阅读：贫血；血液；验血；血红蛋白；红细胞；白细胞。

血型

Blood type

血型是人类血液的个体特征之一。人类主要有四种血型，分别是 A 型、B 型、AB 型和 O 型。这种血型系统称为 ABO 血型系统。

另一种血型称为 Rh 因子。有些人的血型是 Rh 阳性，另一些人的是 Rh 阴性。

血型对于输血十分重要。医生应匹配一个人的 ABO 血型和 Rh 因子。如果一个人的血型匹配错误，他可能生病甚至死亡。例如，A 型血的人不能接受 B 型血。但是 AB 型血的人可以接受任何血型的血。此外，任何血型的人都可以接受 O 型血。

延伸阅读： 血液；输血。

血压

Blood pressure

血压是血液作用于动脉壁的侧压力。动脉是人体内的一种血管，心脏把血液泵入动脉。

血压对健康很重要。如果一个人的血压过高，他可能患心脏病或有其他严重的健康问题。血压过低也会导致健康问题。

血压通常会随着年龄的增长而升高。因为动脉会随着年龄增长而变硬，动脉硬化会减缓血液流动。

医生使用一种测量两种压力的特殊仪器来测量病人的血压。第一个读数是心脏跳动时血液的压力，第二个读数是两次心跳间隙血液的压力。

延伸阅读： 动脉硬化；动脉；心脏病发作。

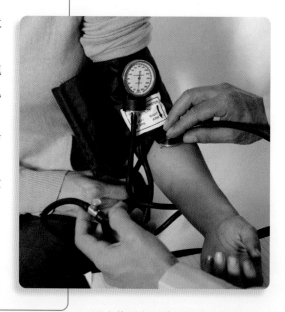

医生使用血压计测量病人的血压。

血液

Blood

血液是一种在人类和许多其他动物体内流动的液体。人的心脏将血液输送到身体的各个部位。血液通过血管在体内流动。

血液把营养物质和氧气输送到身体的各个部位。氧气存在于我们呼吸的空气中。血液还将细胞中的二氧化碳和其他废物运出，并对抗身体疾病。

血液由血浆和血细胞组成。血细胞有红细胞、白细胞和血小板三种。

红细胞使血液呈现红色，它们运输氧气，也将废物从细胞中带走。白细胞能抵御侵入身体的病菌，它们对抗细菌，防止机体生病。血小板有助于伤口止血，它们在伤口边缘黏附积聚从而止血。血小板形成血凝块，可以堵住伤口从而止血。

血浆携带血细胞流经全身。血浆中还携带微量的糖、其他营养物质和人体细胞所需的化学物质。

每天，人体内都有大量的血细胞衰竭死亡。但是人体一直在制造新的血细胞。骨髓是骨头内部的一种物质，可以制造血细胞。

延伸阅读：贫血；动脉；出血；血凝块；血细胞计数；血压；验血；输血；血型；循环系统；心脏；血浆；红细胞；白细胞。

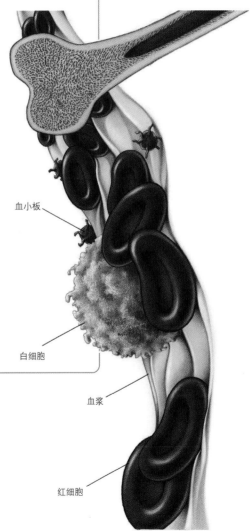

血小板

白细胞

血浆

红细胞

血细胞在骨髓中产生。血细胞有三种：红细胞、白细胞和血小板。这些细胞在血浆中移动。

血友病

Hemophilia

血友病是一种无法正常凝血的遗传性疾病。由于血液凝结很慢，血友病患者在受伤后会持续出血。由于血友病的遗传方式，几乎所有的血友病患者都是男性。

血液中必须含有几种凝血因子，才能使凝血功能正常。血友病患者的血液中缺乏某些凝血因子。体内血管破裂对血友病患者危害最大，此时血液往往会流入颅内或关节内，并在这些地方聚集，压迫周围组织，引起疼痛、肿胀和功能异常。许多血友病患者因为关节不断出血而残疾。

血友病治疗包括注射凝血因子，这些注射药剂由捐献的血液制成，可以使凝血功能暂时恢复正常。许多血友病患者持续接受凝血因子治疗，并自己进行注射。

延伸阅读： 血液；血凝块；疾病。

阿列克谢，末代沙皇尼古拉二世（1868—1918）的小儿子，就是一名血友病患者。

荨麻疹

Hives

荨麻疹是一种皮疹，表现为皮肤突然发生大小不一的瘙痒性疹块。

荨麻疹通常突然形成，消退后也不会留下痕迹。

荨麻疹通常是由于人体对某种物质过敏导致的，这些物质导致身体释放一种叫作组胺的化学物质。组胺可以导致荨麻疹的发生。

许多不同的物质都可以导致荨麻疹。患者可能是对某些食物、药物或化学制剂、动物皮毛、粉尘或花粉过敏。

医生用药物治疗荨麻疹，这些药物可以拮抗组胺。人们也可以使用小苏打或金缕梅泡水洗澡来缓解荨麻疹。

延伸阅读： 过敏；皮肤。

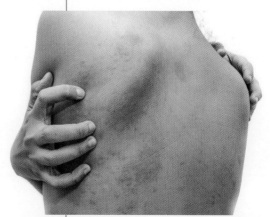

荨麻疹是一种由过敏导致的皮疹。

循环系统

Circulatory system

　　循环系统负责机体血液运输,人和绝大部分动物均是如此。血液将营养物质和氧气带入细胞,同时还将废物带离细胞。

　　在人体中,循环系统由血管、血液和心脏组成。血管是血液流过的中空管,心脏是胸腔内由肌肉组成的器官,可以将血液泵入血管。

　　血液吸收经呼吸进入肺部的氧气。这种富含氧气的血液从肺部流到心脏的左半部,然后心脏通过动脉泵血,动脉将血液和氧气输送到身体的细胞。

　　血液携带二氧化碳通过静脉回流到心脏。二氧化碳在人体呼气时,以气体状态离开肺部。

　　有时脂肪可以粘在动脉两侧,阻止血液流向大脑和心脏。这可能导致中风和心脏病发作这类严重的健康问题。

　　所有脊椎动物都有像人类一样的循环系统。无脊椎动物则有不同种类的循环系统,例如有些蠕虫没有心脏,这类动物通过运动使血液从身体的一端流向另一端。

延伸阅读: 动脉硬化;动脉;血液;血管;毛细血管;二氧化碳;哈维;心脏;心脏病发作;中风;静脉。

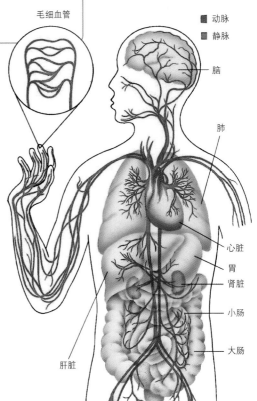

毛细血管

动脉
静脉

脑
肺
心脏
胃
肾脏
小肠
大肠
肝脏

人体循环系统包括心脏和血管两部分。血管包括动脉、静脉和毛细血管,会将血液输送到全身。

牙齿

Teeth

　　牙齿是上下颌骨中坚硬的高度钙化组织，是身体最硬的部分。人的牙齿主要用来咀嚼食物。牙齿对说话也很重要，牙齿和舌头一起被用来形成某些声音。

　　人有两套牙齿：第一套是乳牙，然后是恒牙。人有 32 颗恒牙——下颌 16 颗，上颌 16 颗。每颌包括四颗切牙和两颗尖牙，这些锋利的牙齿用来咬碎食物。每颌的四颗前磨牙用来粉碎和磨碎食物。每颌的六颗磨牙也用于研磨食物，它们比前磨牙大。

　　牙龈上方的牙齿部分称为牙冠。牙根在牙龈下伸入颌骨。

　　牙齿由牙髓、牙本质、牙釉质和牙骨质四部分组成。

　　牙髓在牙齿的深处。流过牙髓的血液保持牙齿坚固和健康。牙本质是围绕牙髓的坚硬黄色物质。牙釉质覆盖牙冠内的牙本质，是防止牙齿磨损的坚硬白色物质。牙骨质覆盖牙根内的牙本质。

　　延伸阅读： 牙科诊疗；口腔；口腔正畸学。

牙齿的主要部分包括牙冠和牙根，牙冠可以在口腔内看到，牙根位于颌骨内。

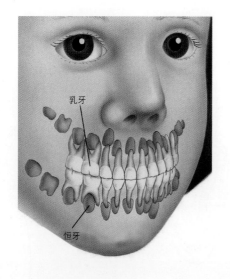

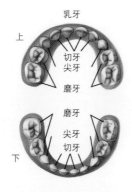

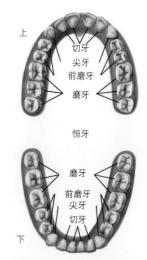

20 颗乳牙逐渐被 32 颗恒牙所取代，这些恒牙在靠近乳牙根部的颌部形成。最后一颗恒牙在 17～21 岁时形成。

牙科诊疗

Dentistry

牙科诊疗指牙医采取各种方式帮助我们护理牙齿。牙医教人们如何保持牙齿和牙龈的清洁。牙龈是口腔内粉红色的肉,可以固定牙齿。

牙医会清洁牙齿和牙龈,检查牙齿是否有蛀洞。随着蛀洞变大,牙齿会被破坏,牙医就用特殊材料填充蛀洞以治疗牙齿。牙医也会拔掉坏牙,并替换缺失的牙齿。

正牙医生是一种特殊的牙医。他们矫正长歪了的牙齿。他们将牙套装到牙齿上,将牙齿拉到正确的位置。

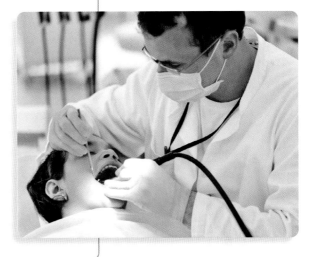

牙医防治牙齿、牙龈和下颌疾病。定期检查是良好的牙科护理的一部分。

这一系列图片显示了牙医如何填充蛀洞。牙医通常先将麻醉剂注入牙齿附近的牙龈中。麻醉剂可以使患者感觉不到钻孔带来的疼痛。

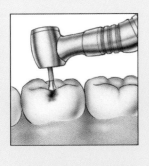

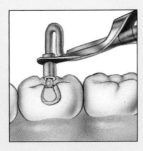

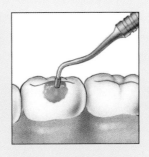

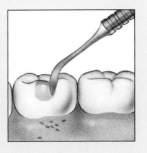

1. 牙医使用钻头去除牙齿被腐蚀和软化的部分,并形成利于结合牙齿填充材料的底部或壁面。

2. 使用特殊仪器将填充材料放入蛀洞中。填充材料可以是金属或者和牙齿一样颜色的物质。

3. 使用另一种器械,将填充材料牢牢地填入蛀洞中。然后使填充物稍微硬化。

4. 牙医仔细地打磨填充物以恢复牙齿原来的形状。最后,将粗糙的边缘磨平。

雅洛

Yalow, Rosalyn Sussman

罗莎琳·苏斯曼·雅洛（1921—2011）是一位美国医学物理学家。

雅洛和另外两位科学家因开发了一种方法来标记人体血液中的某种物质而分享1977年诺贝尔生理学或医学奖。标记是放射性的，它可以帮助医生发现并测量血液中最微量的物质。雅洛在1959年首次使用这种标记方法。她在糖尿病患者的血液中研究胰岛素。

雅洛出生在纽约市，曾就读于纽约市亨特学院和伊利诺伊大学厄巴纳汉帕格分校，在美国多所学校和医院担任科学家和教授。雅洛于2011年5月30日去世。

延伸阅读：生物技术；血液；胰岛素。

雅洛

咽

Pharynx

咽是消化道和呼吸道的共用管道，是口鼻到食管和喉的通道。咽长约13厘米，食物和空气都会从这里通过。

吸气时，空气从口鼻进入咽，然后空气通过喉和气管进入肺。

摄入食物时，食物从嘴进入咽部，当你吞咽时，喉部的肌肉会覆盖喉部入口，避免食物进入气管，这样食物就会沿着食管到达胃部。

延伸阅读：消化系统；食管；喉；口腔；呼吸；气管。

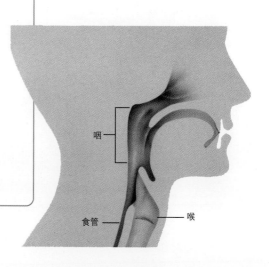

咽

食管　　　　喉

咽是口鼻到食管和喉的通道。

严重饥饿

Starvation

严重饥饿是指生物严重缺乏维持生命所必需的营养物质。必需的营养物质有六种:(1) 碳水化合物,(2) 脂肪,(3) 矿物质,(4) 蛋白质,(5) 维生素,(6) 水。营养物质为身体提供能量,帮助构建身体组织、维持其正常运作。植物从阳光中获取能量,人和其他动物从食物中的碳水化合物(淀粉和糖)、脂肪和蛋白质中获取能量。植物、人和动物需要矿物质和水。人和动物也需要维生素。

对人来说,最重要的营养物质是水。一个人失去全身水分的 20% 时便会死亡。大多数人在没有水的情况下只能存活一周左右。一个人没有食物能生存多久取决于身体脂肪的供给。大多数人在没有食物的情况下可以活 60 ~ 70 天。

延伸阅读: 脱水;饥荒;脂肪;食物;营养不良;矿物质;营养物质;蛋白质;维生素。

炎症

Inflammation

炎症是机体对损伤或感染的反应,常见红、肿、热、痛等症状。炎症将白细胞带到损伤或感染部位,白细胞是抵御疾病的免疫系统的一部分。康复始于炎症和免疫系统。

炎症失控或是超出必要限度时会损害健康组织。类风湿性关节炎和某些其他疾病是由失控性炎症引起的。当对身体某部分的血液供应中断并在之后恢复时,也会发生炎症。这种情况在心脏病发作或中风时会出现。这种炎症可导致进一步的损害。科学家认为,炎症也可导致其他疾病,如癌症。

治疗炎症有助于缓解发热、疼痛和肿胀等症状。阿司匹林和某些其他药物可减轻炎症。

延伸阅读: 血液;癌症;脑炎;心脏病发作;免疫系统;疼痛;中风;白细胞。

眼睛

Eye

　　眼睛是人的视觉器官。人们几乎在所有的活动中都要用到眼睛，例如阅读、工作、看电影或电视以及玩游戏等。

　　人类的眼球只有大约 2.5 厘米宽，眼球位于眼眶内，周围有 6 条眼肌附着，使眼球可以向不同方向转动。

　　眼睛可以感受物体反射或者自身发出的光。眼睛可以在强光或弱光下看到物体，但是在完全没有光线时就看不见了。当人看向一个物体时，光线首先进入眼睛前部，而后眼睛将光线转化为电信号和化学信号，这些信号随后被传递至大脑，大脑根据这些信号形成了一幅画面。通过这样的方式，眼睛和大脑一起工作，使我们能够看见万物。

　　眼球中间黑色的部分称为瞳孔，瞳孔周围有颜色的部分则称为虹膜。瞳孔的大小可以改变，在弱光下瞳孔扩大以使更多的光线进入眼睛，而在强光下则缩小。

　　延伸阅读： 盲点；失明；白内障；色盲；隐形眼镜；角膜；远视；眼镜；虹膜；近视；眼科学；视错觉；验光；视觉。

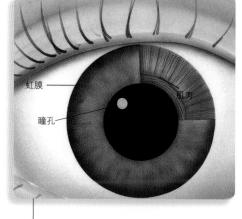

虹膜
肌肉
瞳孔

瞳孔周围环绕着虹膜，瞳孔可以调节进入眼睛的光量。

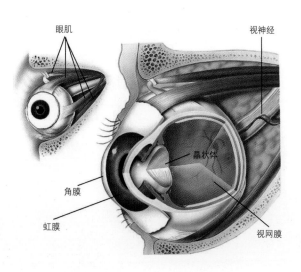

眼肌
视神经
晶状体
角膜
虹膜
视网膜

眼眶中有肌肉环绕着眼睛。光线进入眼睛，透过角膜、经过晶状体，最终落在视网膜上。

瞳孔的大小随着光线的变化而快速调节。在暗室中，瞳孔扩大使更多的光线进入眼睛（上图）；而打开灯后，瞳孔在几秒钟内就缩小了（下图）。

眼镜

Glasses

眼镜由两片透镜或曲面镜构成，镜片被镜框固定在眼睛前方。戴眼镜的目的主要是改善视力。矫正眼镜称为处方镜，人们必须去眼科专业人士处才能获得这些眼镜。专业人士测试患者的视力情况，并为他们配制所需的特殊镜片。

许多人戴的是非处方镜，例如太阳镜和护目镜。这些眼镜不需要去眼科专业人士处就能买到。太阳镜的镜片有颜色，可以保护眼睛免受强烈阳光的照射。护目镜则是由非常坚固的玻璃或塑料制成，可以保护眼睛免受伤害。在某些工厂工作的人和运动员通常需要戴护目镜。

延伸阅读：隐形眼镜；眼睛；远视；近视；眼科学；验光；视觉。

戴矫正眼镜是为了改善视力，它们帮助眼睛将光线正确聚焦。多数常见的视力问题都可以通过处方镜得到矫正。

眼科学

Ophthalmology

眼科学是专门研究眼部疾病的医学分支。想要成为眼科医生的人首先要成为医学博士，然后再研究 3～5 年的眼部健康问题。

眼科医生用特殊设备检查人的眼睛。对于视力有问题的人，眼科医生可以开出用眼镜或隐形眼镜矫正视力的处方。

眼科医生也可以为那些无法用眼镜或隐形眼镜矫正视力的人进行手术。他们可以修复导致斜视的眼部肌肉问题，还可以帮助眼中积聚太多液体的青光眼病人。青光眼是导致失明的主要原因。

延伸阅读：隐形眼镜；眼睛；眼镜；青光眼；医学；验光；视觉。

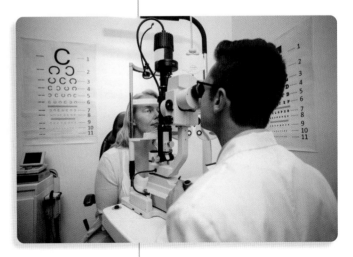

眼科医生在检查期间向患者眼睛照射特殊光线。

眼泪

Tear

眼泪是从眼睛流出的含盐液体。眼泪可以保持角膜湿润,还有助于预防感染,帮助眼睛远离细菌和污垢。眼泪使眼睛不致过干,眼睛过干可能导致失明。

眼泪是泪腺分泌的。每个眼球上方有一个泪腺。眼睑中的微小管道将眼泪从泪腺带到角膜。每次眨眼时,管道都会将一些眼泪从腺体带到眼睛。眼泪从眼睛内角的两个泪小管流出。

当一个人感到悲伤或生气时,泪腺周围的肌肉可能会收紧,从而挤出眼泪。笑得太用力也能挤出眼泪。

延伸阅读: 角膜;眼睛;腺体。

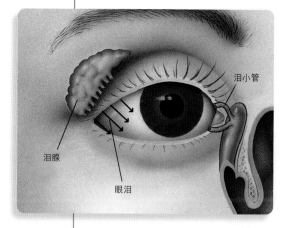

泪小管

泪腺

眼泪

眼泪是由每个眼球上方的泪腺分泌的。眼泪从眼睛里流进泪小管,再通过一个通道排入鼻腔。

验光

Optometry

验光是一项专门从事视力护理的职业。一个人想要成为验光师,必须取得验光学博士学位。

验光师使用特殊设备来检查人们的视力。如果有人无法清晰地看到附近或远处的物体,验光师可以开出用眼镜或隐形眼镜矫正视力的处方。

验光师也可以用药物治疗某些眼部疾病,但他们不能做眼科手术。眼科手术由眼科医生来做。

延伸阅读: 隐形眼镜;眼睛;远视;眼镜;近视;眼科学;视觉。

验光师使用特殊的图表测试一个人看远处的视力情况。图表中每行字母都小于上面一行字母的大小。

验血

Blood test

验血是判断一个人是否生病的一种方法。医生或护士从病人的手指或手臂采血，实验室工作人员对血液进行分析。

一种血液检测被称为全血细胞计数。一名工作人员在显微镜下检测血液，计算各种血细胞的数量。这些细胞包括红细胞、白细胞和血小板。每种血细胞都起着特殊的作用，某一特定类型细胞过多或过少都可能是某种疾病的反应。

另一些验血能检查特定疾病。实验室工作人员可以在血液中寻找致病菌或其他疾病标志物。验血常用于测量血液中重要物质的含量，如铁、钾、糖或某些脂肪。这些检查可提供有关个人健康状况的信息。

延伸阅读：血液；血细胞计数；红细胞；白细胞。

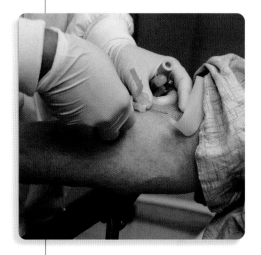

医生或护士可以从病人的手臂或手指上采血进行血液检查。

氧化亚氮

Nitrous oxide

氧化亚氮是一种无色无味的气体。医生和牙医经常用它使患者丧失痛觉。

吸入氧化亚氮的人有时会变得兴奋和滑稽。因此，氧化亚氮常被称为笑气。吸入大量氧化亚氮后能导致意识丧失。

氧化亚氮很容易吸入。它生效很快，失效也很快。医生在使用氧化亚氮时也通常使用氧气。

氧化亚氮于1772年由英国化学家普里斯特利（Joseph Priestley）制备。1844年，美国牙医威尔士（Horace Wells）成为第一个实际使用氧化亚氮的人。在拔牙之前，他自己吸入了气体，使牙齿被无痛地拔了下来。

延伸阅读：麻醉；麻醉学；疼痛。

氧化亚氮可使患者在牙科治疗期间丧失痛觉。患者可以通过覆盖在鼻子上的面罩吸入氧化亚氮。

痒

Itch

　　痒是一种引起抓挠冲动的感觉。瘙痒是皮肤某些神经受到刺激而引起的。

　　引起瘙痒的原因很多。常见原因是一种特殊的化学物质接触并刺激皮肤。例如，有毒的常春藤植物会产生一种导致瘙痒的物质。另一种常见原因是足癣，即一种长在脚趾和脚上的真菌。过敏可能导致皮肤肿胀和瘙痒，这种情况称为荨麻疹。凉爽、潮湿的环境可以缓解瘙痒。洗剂，如炉甘石洗剂，也有助于缓解瘙痒。

　　延伸阅读： 过敏；足癣；荨麻疹；皮肤。

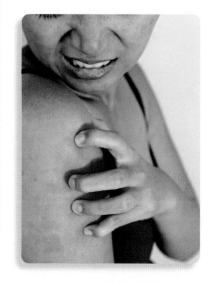

瘙痒是皮肤某些神经受到刺激而引起的。

摇晃婴儿综合征

Shaken baby syndrome

　　摇晃婴儿综合征是一种发生于婴儿的严重疾病。主要是因为家长或年龄较大的儿童用力摇晃婴儿所致。最常见的伤害是脑出血和眼球出血，可导致婴儿死亡或永久性脑损伤。

　　摇晃婴儿综合征一般很难诊断出来，患病婴儿并不像正常婴儿那样机敏，可能会出现呕吐症状或诱发癫痫。眼科检查可能会发现眼球出血，X 射线检查和其他检查可能发现脑出血。患病婴儿体征上可能有瘀伤、肿块或其他头部受伤的迹象，也可能有骨折、烧伤或其他被虐待的迹象。如果医生未能检查出婴儿患病的其他原因，那么他们会怀疑婴儿遭受了虐待。

　　医生向警方或其他有关行政部门报告疑似摇晃婴儿综合征的病例后，当局会采取措施保护婴儿免受进一步虐待。

　　延伸阅读： 婴儿；脑。

药房

Pharmacy

　　药房也叫药店，是配制和销售药品的地方。除了药品之外，药房也会销售其他商品。

　　当一个人生病时，医生通常会开出处方，上面会列出病人所需的药品的名称，还会注明药品的使用剂量及每天的使用次数。药剂师的工作是按照处方配药，如今很多处方都是通过电话或邮件传输的。

　　药剂师会算出病人需要的药品数量并将医生的说明打印出来，有时，药剂师还会通过混合液体或膏体来制作药物。

　　想成为药剂师的人会去药学院学习，他们学习生物、化学和数学，必须通过考试才能获得药剂师资格。

　　延伸阅读： 药物；医学。

药剂师数出药片来配出医生的处方。

药理学

Pharmacology

　　药理学是一门研究药物及其对生物作用的学科。药理学家认为任何影响生物的化学物质都是药物，包括药品和毒药。

　　有的药理学家研究机体如何利用和排出药物，还有一些则研究毒物及其效应、检测与治疗。药理学家可能在大学、医院、政府机构或制药公司工作。

　　延伸阅读： 药物；医学；毒物。

药物

Drug

药物是用于治疗或预防许多疾病的物品，它帮助数百万人延长生命，过上健康的生活。有些药物可以止痛或减轻疼痛。

但药物也会导致疾病甚至死亡。如果使用不当，任何药物都可能造成伤害。例如，阿司匹林被认为是最安全的药物之一，但对于把阿司匹林片当作糖果并且吃了太多的孩子来说，它反而是致命的。

基于错误的原因使用药物称为药物滥用，它会对一个人的生活造成很大的伤害。

有些药物可以抗感染，例如，抗生素可以杀死引起感染的病菌。磺胺类药物可以阻止细菌生长繁殖。

科学家在实验室制备药物。大多数现代药物都不是天然存在的，它们是在实验室中制造出来的。

疫苗可以保护人们免受疾病侵害。它们帮助身体制造对抗疾病的物质。

医生为患者提供使他们感受不到疼痛的药物，称为麻醉剂。其作用可以是全身的或是局部的。全身麻醉剂会使人失去意识。局部麻醉剂使身体的一部分麻木。镇痛药能够缓解疼痛。许多人服用阿司匹林来缓解头痛和其他疼痛。

患者需要处方才能购买某些药物。处方是医生出具的书面诊疗单。患者将处方送到药店并交给药剂师。药剂师将药物卖给患者。有许多其他药物可以在柜台购买，无需处方。在美国，食品和药物管理局决定哪些药物是处方药。

已知最早的药物使用记录记载在一块约有4000年历史的黏土板上，它来自位于现在伊拉克的一个古老文明，上面记有当时使用的十几种药物的清单。而今天使用的大多数药物都是在过去200年中被研发出来的。

延伸阅读： 安非他命；麻醉；抗生素；抗组胺剂；抗毒素；阿司匹林；化学治疗；药物滥用；药物检测；免疫接种；硝酸甘油；青霉素；药理学；药房；镇静剂。

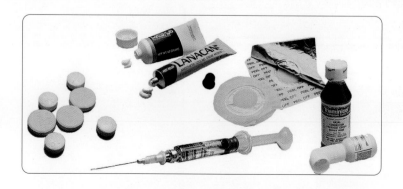

药物有许多不同的形式。比如口服的片状或液态药物；一些药液也可注射；贴剂放在皮肤上，药物通过皮肤吸收入血；面霜涂抹在皮肤上；气态的喷雾剂则通过呼吸道吸入。

药物检测

Drug testing

药物检测是分析从身体采集的样本，以了解一个人是否滥用药物。药物检测常用于工作场所、军队、刑事司法和药物治疗方案。一些体育协会和学校也使用药物检测。

药物检测通常会将尿样送到实验室。如果在样品中发现存在特定药物，则该检测被认为是阳性的。医生通常会检查阳性测试结果，并去了解受试者是否有使用该药的正当理由。有些人认为药物检测是对他们的隐私和公民权利的侵犯，也有些人担心药物检测的准确性。

医生有时会使用药物检测来确定患者服用处方药的剂量是否正确。药物检测也可以指药物制造商进行的药物疗效检测，以确定某些药物是否有效。

延伸阅读： 药物滥用。

药物滥用

Drug abuse

药物滥用是指一种以破坏健康和积极的生活为代价来使用药物的方式。社会各阶层的人，从富人到穷人都可能滥用药物。药物滥用的人群主要是青年和成年人。任何药物都可能被滥用，包括烟草、酒精、医用药物以及类似于喷漆等可以释放烟雾的物质。被滥用的许多药物都是非法的，包括可卡因和海洛因等毒品。

许多年轻人去体验药物或酒精带来的愉悦感，这大多是因为朋友带动或是觉得这样做更像个成年人。但是，反复使用尼古丁、酒精和其他药物可能会导致成瘾。当一个人无法停止或控制药物的使用时，就是成瘾。这个人会持续服用这种药物，即使它会损害健康，导致工作以及与家人、朋友的关系出现问题。当停止常规药物使用时，也可能出现类似反应。

药物滥用并不总是指使用非法毒品。酒精和烟草是现代社会中最常被滥用的药物。

针对药物滥用的治疗有助于成瘾者停止使用药物，此外还教会他们如何避免滥用药物。这可以帮助他们改变导致滥用药物的行为模式。

延伸阅读： 酗酒；药物；尼古丁。

一氧化碳

Carbon monoxide

一氧化碳是一种无色、无臭、无味的有毒气体。当碳在没有足够氧气的情况下燃烧，就会形成一氧化碳，如煤、木材、石油或汽油的燃烧。空气中大多数的一氧化碳是天然产物，但也有部分来自人类活动，例如汽车发动机会释放一氧化碳。

因为一氧化碳无色、无味，所以人们会在没有意识到的情况下吸入一氧化碳，导致中毒并昏迷。一氧化碳与血红蛋白结合，而血红蛋白是血液中的含氧物质，与一氧化碳结合后会阻碍血液向身体供氧。缺少氧气，人和动物很快就会死亡。

一氧化碳是汽车发动机废气的一部分。

美国和一些国家的汽车制造商必须为车辆配备特殊的装置，这些装置将一氧化碳变为更安全的二氧化碳。香烟烟雾中也含有少量的一氧化碳，即使含量非常低，但也可能是有害的。

延伸阅读： 血液；血红蛋白；毒物；呼吸。

医疗技术

Medical technology

现代手术室利用各种各样的医疗技术来帮助外科医生进行手术。

医疗技术包括卫生工作者用来了解一个人生病或受伤程度的方法。卫生工作者还利用医疗技术使患者感觉更好。

医疗技术人员从学校毕业后，大多在医院和实验室工作。他们帮助医生判断一个人有什么疾病。

医疗技术人员在各个科学领域工作。他们使用电子仪器和高倍显微镜；利用 X 射线或其他技术来制作身体各部位的图像，如头部、胸部和腹部；还通过

对血液和其他体液进行测试以发现特定化学物质来治疗疾病。

延伸阅读：血管造影；磁共振成像；医学；正电子发射断层扫描术；放射学；超声波。

医生

Physician

病人来看病时，医生首先需要做出诊断，然后指出病人的问题所在，接着医生会治疗病人，他们可能会开出特定的药物，或者会进行手术、接上断骨或进行其他形式的治疗。

医生也可以帮助预防疾病，他们会给病人注射疫苗或其他药剂来预防或治疗疾病。他们也会给人进行体检，在体检中，医生可以及早发现疾病，从而及时治疗来阻止病情恶化。

有些医生在机关单位工作，还有些在医院或诊所工作。

有些医生可以诊断各类疾病，称为全科医生，有些医生则是专科医生，只接受了针对某一类疾病的治疗培训。例如，儿科医生专门治疗儿童，眼科医生专门治疗眼部疾病，心脏病医生专门治疗心脏疾病。

想要成为医生的人通常会学习数学和自然科学，接着到医学院深造。毕业后，他们会在医院工作，在那里，其他医生教导他们如何治疗病人。如果他们想要独立医治病人，必须先通过考试。

延伸阅读：安德森；布莱克威尔；医学；神经病学；肿瘤学；眼科学；妇产科；骨科；精神病学；放射学。

初级保健内科医生在体检时听取年轻病人的意见，他们主要负责满足基本的健康需要。

经验丰富的医生讨论病人的治疗方案时，培训中的医生仔细倾听并做笔记。

医学

Medicine

医学是治疗的科学和艺术。它是一门科学，因为人们通过研究和实验来学习它。也是一门艺术，因为它取决于医生和其他工作人员如何利用他们的技能来医治病人。

医生做三件重要的事。首先，他们做出诊断，找出病人生病或受伤的原因。第二，医生治疗病人。他们会开药、做手术或进行其他治疗。第三，医生预防疾病。他们对一些疾病进行疫苗接种。他们试图尽早发现并治疗疾病，以防止疾病恶化。这就是为什么医生希望人们进行定期检查。

医生决定病人得到的治疗。很多医生可以照顾到病人的大部分需求。对于严重的疾病，他们会把病人送到专科医生那里。专科医生在某一领域接受过训练，如过敏或心脏病。

大多数医生在办公室里医治病人，他们可以单独工作，也可以集体工作。医生也在医院和诊所工作。

想成为医生的人要学习科学和数学课程，然后去医学院上学。他们毕业后在医院工作，接受有经验的医生的培训。然后要通过考试，才能独立治疗病人。

延伸阅读： 替代医学；牙科诊疗；遗传学；健康；草药医学；整体医学；内科学。

医生在用一系列 X 射线图像给病人解释她的诊断和可能采取的治疗方法。

作为体检的一部分，医生在检查一位小患者的喉咙。这种检查通常在医生的办公室进行。

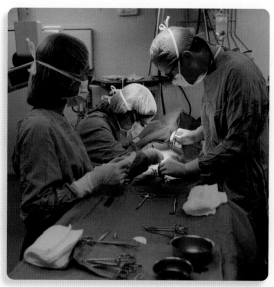

手术室包含手术所需的所有设备和用品，如手术刀、纱布、绷带和给病人输送氧气的机器。在手术中，护士和医生会互相协助。

胰岛素

Insulin

胰岛素是一种帮助人体利用糖和其他营养物质来获得能量的物质,由胰腺细胞合成。胰腺是位于胃后面的器官。

当一个人进食时,胃和肠将食物分解成糖和其他营养物质。营养物质进入血液。胰腺细胞分泌胰岛素并将其输送到血液中,帮助营养物质进入身体细胞。

如果胰腺不能制造足够的胰岛素,或者身体不能正常利用胰岛素,人们就会患上糖尿病。糖尿病患者可以通过注射胰岛素的方式来保持健康。

延伸阅读: 血液;糖尿病;消化系统;葡萄糖;胰腺;糖。

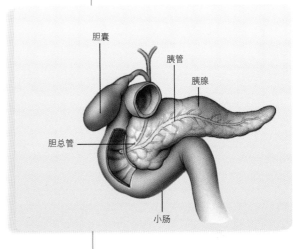

胰腺细胞分泌胰岛素并将其输送到血液中。

胰腺

Pancreas

胰腺是人类和其他脊椎动物体内的器官。它分泌消化液来帮助食物消化,也能产生一些激素。

人体胰腺呈粉红色或黄色,长约15~20厘米,横向位于胃的后面。

来自胰腺的消化液通过胰管流入小肠,在那里它们分解食物。胰岛素和胰高血糖素是胰腺产生的两种激素,它们一起帮助身体利用葡萄糖。

延伸阅读: 消化系统;胆囊;葡萄糖;激素;胰岛素;肠。

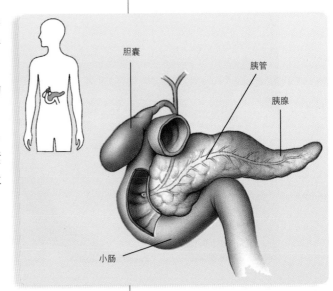

胰腺产生的消化液通过胰管进入小肠。在那里,消化液分解食物。

移植

Transplant

　　在医学上，移植是将一个人的某部分组织或器官转移到另一个人身上的手术。组织是一组相似并协同工作的细胞。器官至少由两种组织构成，有特定的功能。通常从一个人移植到另一个人身上的器官包括心脏、肾脏、肝脏和肺。

　　移植的组织和器官取代病变、损伤或坏死的组织。它们能拯救病人的生命并使其恢复健康。

　　有些器官不能在体外长期存活，医生必须迅速移植这些器官。有些组织可以存放在组织库的冰箱或冰柜中。

　　身体里抵御疾病的免疫系统会以不同的方式对移植的组织和器官做出反应。免疫系统会识别移植的外来器官并攻击它们。医生使用特殊药物保护移植器官，使免疫系统对大多数移植组织的反应较弱。

　　医生从捐赠者那里获得移植器官。移植手术中使用的大多数器官来自脑死亡但其他方面健康的患者。在许多国家，人们可以使用捐赠卡或者在驾照上做标记，表示愿意死后捐献器官。

延伸阅读： 免疫系统；器官捐赠；植皮术；外科手术；组织。

一个外科医生拿着一个器官移植盒。器官有时必须长途运输。它们被储存在特殊的绝缘容器中，使器官保持低温，以便它们能够在体外存活更长时间。

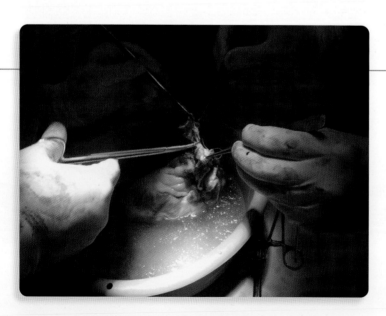

外科医生准备把从器官捐赠者那里获得的心脏移植到患者体内。

遗传

Heredity

遗传是指将特定的遗传性状由亲代传给下一代。所有生物（植物和动物）都涉及遗传。

孩子与父母相似是由于孩子遗传了父母的某些性状，例如发色或鼻型。几乎所有生物都由细胞组成，细胞中的基因携带着遗传性状。基因是带有遗传信息的 DNA 片段。DNA 是一种复杂的分子，形状像一座长长的旋梯。基因就像建造房子时的蓝图，它们携带着构建细胞、组织、器官和机体的信息。生物的基因位于染色体上。在人类和许多其他生物中，染色体位于细胞核内。所有的生物都从亲代获得基因，每个人的基因都有一半来自母亲，一半来自父亲。

科学家说遗传和环境共同作用塑造了人。例如，一位年轻的女孩可能继承了弹奏钢琴的天赋，但是如果没有上钢琴课和练习，她依然不会弹钢琴。弹钢琴的天赋就是遗传，而钢琴课程和练习就是环境。

延伸阅读： 细胞；染色体；基因；遗传学；细胞核。

小孩从父母那里继承了眼睛和头发的颜色、鼻型和其他性状。每个孩子决定眼睛颜色的基因来自父母双方，如果孩子拥有一个蓝眼基因和一个褐眼基因，那么最终孩子的眼睛很可能是褐色的。如果两个基因均为蓝眼，那么孩子的眼睛很可能就是蓝色的。

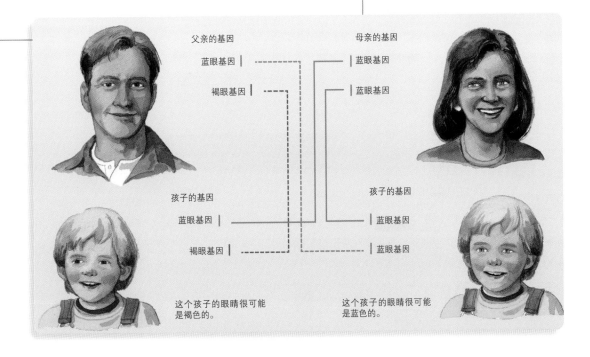

父亲的基因　　母亲的基因

蓝眼基因　　　蓝眼基因

褐眼基因　　　蓝眼基因

孩子的基因　　孩子的基因

蓝眼基因　　　蓝眼基因

褐眼基因　　　蓝眼基因

这个孩子的眼睛很可能是褐色的。

这个孩子的眼睛很可能是蓝色的。

遗传学

Genetics

遗传学是研究遗传的学科，遗传是亲代将性状传给子代的过程。基因是遗传的基本单位，存在于所有生物体的细胞内。例如，人类的每个细胞内拥有约 20000～30000 个基因。基因决定了人的外貌，例如它们决定了一些人拥有大脚或蓝色的眼睛。

在细胞中，基因存在于染色体上，染色体是由 DNA 构成的。每个人体细胞中有成对的染色体，这些成对染色体上有相同特性的基因。

人体细胞有 46 条 (23 对) 染色体，生殖细胞中则有 23 条染色体。来自父方和母方的生殖细胞结合后，新生命便拥有了自己的 46 条染色体。

基因有时会发生突变，这些改变有时会使人患上疾病。

延伸阅读：细胞；染色体；脱氧核糖核酸；基因；基因检测；基因组学；遗传。

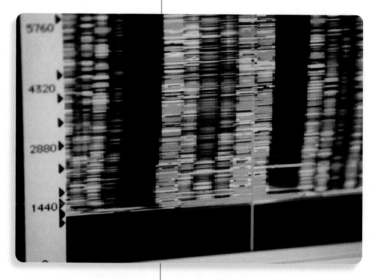

现代技术使得科学家可以一次研究成百上千的基因，这张照片中一段着色区域代表一个基因。

抑郁

Depression

抑郁是一种严重的心理问题。抑郁的人会感到悲伤，变得易怒，或对工作和娱乐失去兴趣。一个人在短时间内感到悲伤，可能是一种正常的情绪。但当悲伤的情绪持续很长时间，它就成了一种心理健康问题。

医生希望找到某些特定的抑郁迹象。抑郁的人可能会感到自己没有价值、内疚或极度疲惫。他们可能难以集中注意力或思维和动作缓慢，可能比平常更多或更少地吃饭或睡觉。有一些抑郁的人会想自杀。如果一个人几乎每天都有这些症状且至少持续两周，医生就判断他是抑郁了。

抑郁有时会被过度快乐或活跃所打断。抑郁和过度兴奋来回切换的症状称为双相情感障碍。有些人在秋冬季会感到抑郁，但在春季和夏季感觉很好。医生称这种情况为季节性情感障碍。

人们可能会因某些情况而感到抑郁，例如失去工作或亲人。有些人有抑郁的自然倾向。

抗抑郁药可以治疗抑郁。与医生或其他精神健康工作者交谈后，抑郁的人也会有所好转。严重抑郁的人可能需要住院治疗。大多数抑郁的人经过治疗后会有所好转。

延伸阅读：情绪；精神疾病；自杀。

一个人在一段时间内感到悲伤，可能是一种正常的情绪。然而，如果悲伤的情绪持续很长时间，它就成了心理健康问题。

意识

Consciousness

意识是指生物能感知到自己身上发生的事情。包括人和某些动物在内的一些生物是具有意识的。其他生物如植物，则不具有意识。没有生命的物体也不具有意识。一个人的意识包括人的所有思想、记忆和感受。

一个人可能会因为头部受到重击而失去意识。这个人看起来像睡着了一样，不知道发生了什么。一个人也可能因生病而失去意识。

当某人失去意识时，他通常是没有知觉的。无意识状态持续的时间可长可短。睡眠是无意识状态的一种形式。持续很长时间的无意识状态称为昏迷。有时人可以从昏迷中醒来，但也有不能醒来或者死去的情况。人们通常无法记住他们失去意识之前发生的事情。

延伸阅读：脑；脑震荡；晕厥；思想；睡眠。

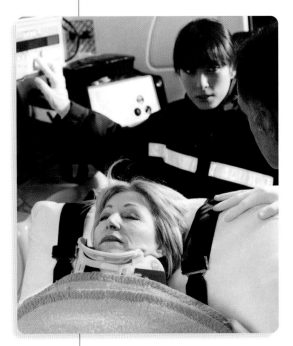

急诊医护人员在照顾一名在交通事故后失去意识的女性。失去意识的人看起来像睡着了一样。

阴道

Vagina

　　阴道是女性生殖管道的一部分。它位于膀胱和尿道的后面、直肠的前面，从两腿间的开口延伸到子宫颈。子宫颈是子宫的底部。

　　在性交过程中，男性将阴茎插入女性的阴道。阴道也是婴儿出生的通道。阴道有规律地将来自子宫的血液和细胞带出体外，这个过程称为月经。

　　阴道有肌肉壁。分娩时，阴道壁伸展得很大，让婴儿通过。

　　阴道内壁有许多敏感的神经末梢。子宫颈内的腺体湿润并润滑内壁。在没有性交的女性中，阴道开口部分可能被一小片薄膜覆盖。这片薄膜叫作处女膜。

　　延伸阅读： 月经；阴茎；怀孕；人类生殖；性别；子宫。

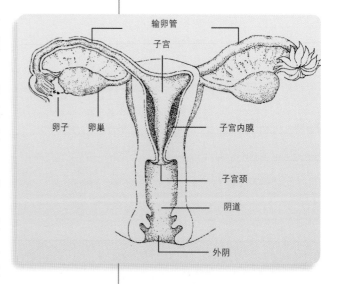

阴道是一条从子宫通向女性身体外部的管道。阴道位于膀胱和尿道后面，从子宫颈（子宫底部）延伸到两腿间的开口。

阴茎

Penis

　　阴茎是人和哺乳动物的雄性外生殖器官，形状像一根手指，挂在两腿之间。人和大多数哺乳动物的尿液和精液都通过阴茎排出体外。

　　阴茎覆盖着薄薄的无毛皮肤，顶端的开口通向尿道。阴茎的顶端略微扩大并且非常敏感。称为包皮的皮肤皱褶覆盖阴茎顶端。许多男性已经通过包皮环切术切除包皮。

　　阴茎通常柔软无力。性兴奋增加流向器官的血液，血液填充阴茎组织，使它变得坚硬，这一现象称为勃起。勃起使男性能够进行性交。

　　延伸阅读： 人类生殖；性别；睾丸；泌尿系统；尿液。

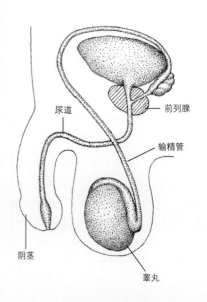

每个睾丸的精子细胞通过输精管。在那里，它们混合了来自前列腺的精液。精液和尿液通过尿道从阴茎中排出。

饮食

Diet

饮食是指一个人每天吃下和饮用的东西。人的饮食需求因年龄、体重、健康、气候和身体活动量而异。均衡饮食应包含保持人体健康所需的所有营养素,如矿物质、蛋白质、维生素和某些脂类。蛋白质、脂肪和碳水化合物可以提供能量;而缺乏某些营养素的饮食可能会导致疾病,例如,缺乏维生素 C 导致坏血病,缺乏铁和其他维生素可能导致贫血。

食用特殊数量或种类的食物可达到特定目标,例如减肥或增重。如果人们从饮食中摄入的热量超过他们在体育锻炼中消耗的热量,就会增重。反之,就可减肥。减肥或增重的饮食应包括维持健康所需的所有食品。在采用这样的饮食之前,应该咨询医生。

延伸阅读: 营养师;食物;营养学;素食主义;体重控制。

饮用水氟化

Fluoridation

饮用水氟化是指在饮用水中添加氟化物。氟化物可以使牙齿更加坚固,防止牙齿生龋洞。龋洞是在牙面上形成空洞,是由细菌造成的。

1945 年,一些美国的城市开始向饮用水中加氟化物。到 20 世纪 50 年代,科学家发现这些城市里生龋齿的人比其他城市的少。现在,大约一半的美国居民都饮用加氟化物的水。而饮用水氟化在其他大多数国家并不普遍。

一些卫生专家质疑饮用水氟化是否安全,他们认为一小部分居民可能会因此患病,太多的氟化物也会危害健康。但是大多数科学家认为饮用水氟化带来的健康风险非常小。

延伸阅读: 细菌;牙科诊疗;病原微生物;牙齿。

一些瓶装水中加有氟化物。

隐形眼镜

Contact lens

隐形眼镜是戴在眼睛里的较小的塑料盘状物，常用于矫正视力，如近视或远视。隐形眼镜由硬质塑料或软质塑料制成，放在角膜表面的一层薄薄的泪液膜上。角膜是眼球前壁的一层透明膜。

隐形眼镜是弯曲的，以便将光线聚焦在视网膜上。视网膜是眼球的一部分，对光敏感。它接收人们看到的东西的图像。当光线聚焦适度时，人们会看到清晰的图像。和普通眼镜不一样的是，戴隐形眼镜时的侧面视野是正常的。

许多人戴隐形眼镜是因为他们不喜欢戴眼镜。有些人可能觉得不戴眼镜会更好看。许多爱好运动的人(包括运动员)也喜欢戴隐形眼镜。隐形眼镜不像眼镜一样容易脱落、弄坏或者碍手碍脚。

多数隐形眼镜需在戴一天后取出，有些被直接丢弃；有一类隐形眼镜可戴一周或更久也不用取出。

延伸阅读： 眼睛；远视；眼镜；近视；视觉。

隐形眼镜是一种用于矫正视力的较小的塑料盘状物(上图)。在眼睛中，镜片放在一层天然的泪液膜上(下图)。

婴儿

Baby

婴儿也叫幼儿，是指从出生到 18 个月大的小孩。从出生至大约 1 个月的婴儿被称为新生儿。大多数新生儿重约 3 千克。他们大约有 50 厘米长。和身体相比，他们的头看起来很大。

新生儿大部分时间都在睡觉。他们不能坐起来或自己吃饭，只能通过哭来表示他们饿了或不开心。新生儿喝母乳或特殊的婴儿配方奶粉。

大多数婴儿在 2 个月大的时候学会微笑和移动头部。4～6 个月大的婴儿可以吃少量的软食。大多数 5 个月大的婴儿可以在床上翻身。大

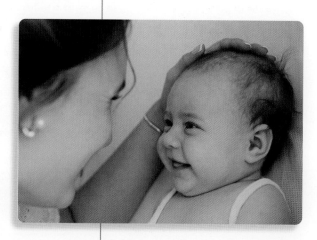

婴儿在大约 2 个月大时开始微笑。

约 6 个月大的时候，婴儿通常可以捡起小玩具和食物。大部分婴儿在 7 个月大的时候能坐起来，在 9 个月大时能站立起来。这个时期的婴儿不会说话，但他们可以发出各种声音。

12 ~ 18 个月大的婴儿学东西很快。他们通过观察别人来学习。他们开始走，然后跑。他们学习如何玩玩具。大多数婴儿在 12 个月大的时候会说几句话，大约 18 个月大时他们可以说 10 ~ 20 个词。这个年龄的婴儿喜欢看书中的图画。

延伸阅读：儿童；分娩；胚胎；胎儿；保温箱。

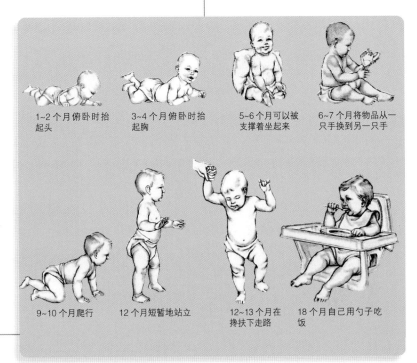

1~2 个月俯卧时抬起头

3~4 个月俯卧时抬起胸

5~6 个月可以被支撑着坐起来

6~7 个月将物品从一只手换到另一只手

9~10 个月爬行

12 个月短暂地站立

12~13 个月在搀扶下走路

18 个月自己用勺子吃饭

此图展示了婴儿学习的一些重要动作以及他们通常什么时候学会这些动作。

营养不良

Malnutrition

营养不良是一种身体没有摄入适量或正确种类营养物质的不健康状态。人吃太多也会营养不良。人得不到足够的维生素或矿物质，或者身体不能正常利用营养物质时也会营养不良。

但营养不良通常发生在人们饥饿时。如果人们不能获得足够的健康食品，他们就会营养不良。陷入洪水和战争等灾难的人们可能也会营养不良。营养不良的人会出现痉挛、腹泻、虚弱等症状并患上各种疾病。

延伸阅读：进食障碍；饮食；饥荒；食物；营养学。

非洲许多地区的人营养不良。

营养师

Dietitian

营养师是指能够制定特定健康饮食计划的人。一些营养师在学校、疗养院或餐馆工作，制定健康食谱；一些在医院工作，为病人准备特殊膳食；一些为食品公司工作，帮助研发和检验新的食品；还有一些帮助人们减肥或学习烹饪健康膳食。

通常经过大学教育获得学士学位的人才能成为营养师，而且必须通过特定的考试。在校期间，他们需要学习的内容包括机体的运作原理以及不同食物对身体的影响。

延伸阅读： 饮食；食物；营养学；体重控制。

一些营养师在医院工作，为病人准备特殊膳食。

营养物质

Nutrient

营养物质是有助于生物生长的化学物质。食物中包含某些营养物质。营养物质为身体提供了能量，也有助于修复损伤。

健康食品中含有很多营养物质，它们可以帮助身体抵抗疾病。不健康的食物中营养物质很少。获取营养物质的最佳方法是吃各种各样的健康食品。

主要的营养物质有六种：（1）水；（2）碳水化合物；（3）脂肪；（4）蛋白质；（5）矿物质；（6）维生素。碳水化合物是糖和淀粉，它们是生物能量的主要来源。蛋白质用于组成身体组织。水有助于其他营养物质进入体内，还有助于清除废物。

人体通过消化将食物分解为营养物质。我们咀嚼食物时，

健康食品富含营养。吃多种不同的食物是确保身体获得所需营养的最佳方法。

嘴里的唾液就开始分解食物。当食物被我们吞下后,它就进入胃中。在胃中,食物被进一步分解,然后食物进入小肠。来自食物的营养物质通过肠壁进入血液。血液将营养物质输送到全身。当身体利用这些营养物质时,它们大多数会发生变化。这些变化会留下身体无法利用的废物。当我们上厕所时,身体就会排出这些废物。

延伸阅读:碳水化合物;消化系统;脂肪;矿物质。

一些主要营养物质的每日建议摄取量

	年龄	钙 (mg)	铁 (mg)	维生素A(μg RE)	维生素B₆ (mg)	维生素B₁₂ (μg)	维生素C(mg)	维生素D(μg)	维生素E(mg TE)	烟酸(mg NE)	核黄素 (mg)	硫胺素 (mg)
儿童	1～3	500	7	300	0.5	0.9	15	5	6	6	0.5	0.5
	4～8	800	10	400	0.6	1.2	25	5	7	8	0.6	0.6
	9～10	1300	8	600	1.0	1.8	45	5	11	12	0.9	0.9
男性	11～13	1300	8	600	1.0	1.8	45	5	11	12	0.9	0.9
	14～18	1500	11	900	1.3	2.4	75	5	15	16	1.3	1.3
	19～30	1000	8	900	1.3	2.4	90	5	15	16	1.3	1.2
	31～50	1000	8	900	1.3	2.4	90	5	15	16	1.3	1.2
	51+	1200	8	900	1.7	2.4	90	10～15	15	16	1.3	1.2
女性	11～13	1300	8	600	1.0	1.8	45	5	11	12	0.9	0.9
	14～18	1300	15	700	1.2	2.4	65	5	15	14	1.0	1.0
	19～30	1000	18	700	1.3	2.4	75	5	15	14	1.1	1.1
	31～50	1000	8	700	1.3	2.4	75	5	15	14	1.1	1.1
	51+	1200	8	700	1.5	2.4	75	10～15	15	14	1.1	1.1

mg= 毫克;μg= 微克;RE= 视黄醇当量;NE= 烟酸当量;TE= 生育酚当量
资料来源:美国国家科学院。美国国家科学院出版社,2000—2001。

该表显示了美国推荐的营养健康所需的主要营养物质的含量。男性和女性以及不同年龄人群的营养需求各不相同。

营养学

Nutrition

营养学是研究身体如何利用食物的科学。所有生物，包括人，都需要食物。食物给身体提供能量，还有助于身体的生长发育以及在受伤或生病时的自我修复。

一个人吃的食物种类非常重要。饮食不健康的人获得的能量较少，也更容易患各种疾病。营养专家建议人们每天吃五类主要食物，这些食物是：(1) 谷物，包括面包、麦片、米饭和面食；(2) 蔬菜；(3) 水果；(4) 乳制品 (牛奶和奶制品，如酸奶)；(5) 肉类和豆类，包括家禽、鱼、豌豆、坚果和种子。人们应该只摄入少量的脂肪、糖和钠 (食盐)。

食物必须分解成营养物质才能被身体利用。营养物质包括维生素、矿物质、蛋白质、碳水化合物、脂肪和水。身体需要水来降温，排除废物，并运输其他营养物质。

食物在消化过程中分解成营养物质。消化始于口腔，在这里唾液润湿食物。食物通过食管进入胃里，在那里，消化液分解肉类、蛋类和牛奶等食物。食物从胃部进入肠道，并在肠道完成分解。然后营养物质进入血液，血液将营养物质运送至全身。

平衡饮食和运动也很重要。儿童和青少年应尽可能每天锻炼 60 分钟。

延伸阅读： 碳水化合物；饮食；消化系统；进食障碍；脂肪；食物；水果；营养不良；营养物质；蛋白质；素食主义；维生素。

2000 千卡的饮食应包括以下几组食物。

每天吃 2.5 杯蔬菜。多吃深绿色多叶蔬菜、橙色蔬菜、干豆和豌豆。

每天吃 2 杯水果。吃各种新鲜的、冷冻的、罐装的或干的水果。

每天喝 3 杯牛奶、酸奶和其他奶制品。选择低脂或无脂的奶制品。

限制脂肪、糖和钠 (盐) 的摄入。使大部分脂肪来源于鱼、坚果和植物油。

每天吃 6 盎司 (约 170 克) 的谷物——包括至少 3 盎司 (约 85 克) 的全麦食物。

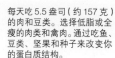

每天吃 5.5 盎司 (约 157 克) 的肉和豆类。选择低脂或全瘦的肉类和禽肉。通过吃鱼、豆类、坚果和种子来改变你的蛋白质结构。

活 动

正确饮食

你每天需要摄入多少能量取决于许多因素——包括你的年龄和运动量。例如，下图显示的饮食对于每天运动 30 ～ 60 分钟的 11 岁男孩可能是有益的。无论你每天需要摄入多少能量，水果、蔬菜、谷物和乳制品含量丰富，但糖和脂肪含量少的饮食，会让你精力充沛。

记录你一天内吃的食物种类和数量，将每种食物的数量与网站 http：//www. choosemyplate.gov 上食物计划中建议的数量进行比较。你每天吃得最多的是哪种食物？你还需要摄入哪一种食物？将结果和你的家长或医生分享。

你需要准备：

- 用于记笔记的笔记本、日记或电脑
- 来自 ChooseMyPlate.gov 的食物计划

应激

Stress

　　应激是身体应对真实或想象中危险的方法。应激反应使身体准备好一系列行动来应对或逃离威胁，如心跳加快、手变冷出汗、肌肉紧张。长时间的应激会让你非常疲倦，变得忧心忡忡。

　　应激并不总是有益的。适当的应激反应可以使人兴奋，帮助人们表现更好。过度的则会影响人的健康。

　　任何事情都可能引起应激反应，例如生病或考试。甚至看新闻、读报纸，也会让一些人心烦意乱。可以通过锻炼、吃健康食品、放松心情来缓解应激反应。

延伸阅读：焦虑症；情绪；自杀。

考试是引起应激反应的常见原因。

应激试验

Stress test

　　应激试验可以测量运动时心脏的工作情况。医生使用应激试验来发现心脏疾病，特别是冠状动脉疾病。这种疾病是指某些为心脏提供氧气的血管变窄。冠状动脉疾病是最常见的心脏疾病之一。如果发现得早，医生可以更好地治疗。

　　在应激试验中，一个人在跑步机或健身自行车上锻炼。跑步机或自行车的速度逐渐增加，使运动变得更加困难。一台机器测量心电图。医生可以研究这些信息来发现心脏疾病。

延伸阅读：动脉硬化；心脏；心脏病发作。

疣

Wart

疣是皮肤上坚硬、粗糙的生长物，形状和大小不一。疣可以在很多地方生长，包括嘴唇或舌头。足底疣状物长成厚块，可使人行走时感到疼痛。

疣是由某些病毒引起的。疣病毒生活在皮肤顶层的细胞内。

很多疣没有治疗就消失了。医生可以用电热针或激光加热去除疣。冷冻也可去除疣。

延伸阅读：皮肤；病毒。

指尖的疣会使人触摸或握住东西时感到疼痛。

有丝分裂

Mitosis

有丝分裂是细胞分裂的一种。在细胞分裂中，一个细胞分裂成为两个细胞。有丝分裂发生在大多数种类的细胞中。在有丝分裂中，一个细胞分裂成两个相同的细胞。有丝分裂使机体能够生长并且维持组织。有丝分裂不同于减数分裂，减数分裂只发生在生殖细胞中。

细胞含有染色体，染色体携带基因，基因是指导生物生长发育的化学指令。在有丝分裂之前，每条染色体都有两条完全相同的连接在一起的链，这些链称为姐妹染色单体。

随后染色体沿着细胞的中间排列。姐妹染色单体分离，成为新的染色体。细胞体分裂形成两个细胞，称为子细胞。每个子细胞包含一套完整的染色体，这些染色体与原始细胞中的染色体相同。

延伸阅读：细胞；染色体；减数分裂；细胞核；人类生殖。

1. 这种动物细胞有两对染色体。在它开始有丝分裂之前，染色体和中心粒（细胞中的棒状颗粒）会复制。

2. 中心粒向两侧移动，其间出现纺锤体。染色体排列在纺锤体中间。

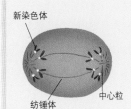

3. 染色体分离并成为新的染色体。分离的染色体移动到细胞的两侧。

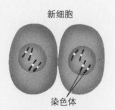

4. 细胞主体分开，细胞分裂。每个新细胞都获得与母细胞相同的染色体。

远视

Farsightedness

远视是一种视力问题，远视的人可以看清远处的物体，但是看不清楚近处的物体。大部分远视者的眼球前后径都过短。

有时，远视者的眼睛能够随着时间自动修复，这种情况常见于儿童和一些仅有轻微远视的人。眼周肌肉可以收缩从而看清近处的物体。

然而，通常随着远视者年龄增大，他们的眼睛也不再能够自动修复，看近处物体的时候他们可能会头晕。眼科医生可以为这些人配眼镜或者隐形眼镜。一种使用激光的手术也可以矫正远视。

延伸阅读： 隐形眼镜；眼睛；眼镜；近视；验光。

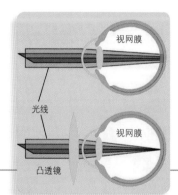

视网膜

光线

视网膜

凸透镜

远视者可以看清楚远处的物体，但是看不清楚近处的物体（上图）。远视情况下，光线在会聚前就在落在视网膜上（左图），用凸透镜的眼镜或隐形眼镜可以矫正远视。

月经

Menstruation

月经是大多数女性大约每月发生一次的出血和细胞损失现象。月经的过程持续 3 ~ 7 天，这个时期叫月经期。大多数女孩在 10 ~ 16 岁经历第一次月经。

在每个月中，血液和细胞聚集在妇女子宫的内层。子宫内膜的增厚为怀孕做好准备。如果没有怀孕，内膜就会脱落，然后血液和细胞通过阴道排出。

妇女在更年期时停止月经。大多数妇女在 45 ~ 55 岁进入更年期。

延伸阅读： 怀孕；人类生殖；子宫；阴道。

阅读障碍

Dyslexia

阅读障碍是指阅读能力出现问题的情况。有阅读障碍的人经常会混淆字词。他们可能以错误的顺序读写词语和句子。即使经过多年的阅读学习，他们仍可能出现前述的情况。

许多患者的阅读障碍都是由医生和老师发现的，通常在孩子大约 10 岁时发现。多数 10 岁的孩子已经可以阅读教科书、故事书和部分报纸，但是一个患有阅读障碍的 10 岁孩子却可能无法轻松地阅读多个词语或简单的句子。

患有阅读障碍的人智力是正常的。患有阅读障碍的男孩人数多于女孩。科学家对导致阅读障碍的原因并不清楚。阅读障碍患者可与专家一起克服这个问题。

延伸阅读： 残疾；学习障碍。

阅读障碍患者存在阅读困难。然而，通过努力工作和治疗，他们可以在学校和职业生涯中取得成功。

晕动病

Motion sickness

游乐园里的一些游乐设施会引起晕动病。

晕动病是一些人在乘坐船舶、轿车、公共汽车、火车、飞机旅行时，或在游乐园里乘坐某些游乐设施时所产生的一种不适感觉。按运输工具不同，分别称晕船病、晕车病或晕机病。

患晕动病的人发病时通常面色苍白、满头大汗、胃部不适，可能会呕吐，有时会打嗝、头痛、头晕或困倦。

人们得晕动病是因为运动扰乱了他们的平衡感。这类人可以通过保持头部不动或直视地平线从而好受些。如果他们在旅行前服用一些药物,可以预防晕动病。

　　延伸阅读: 航空航天医学;恶心。

晕厥

Fainting

晕厥是指一个人在短时间内失去意识。在晕厥前,人往往会出汗且面色苍白,随后就倒地,看起来像睡着了一样。晕厥通常仅仅持续几分钟,过后便会醒过来。

晕厥发生于大脑供血短暂中断时,当身体血管大量舒张时就会出现这种情况,此时心跳速率下降,血压降低。这种情况可能是情绪激动引起的,其他原因也包括过度劳累、久站以及疾病因素,如心脏疾病等。

当感到虚弱或头晕时,人们可以通过躺下或保持头在膝盖之间坐下以防止晕厥。已经晕厥的人则应当平躺,如果没有受伤的迹象,则应将双腿抬高。任何情况下的晕厥都应当寻求医疗帮助。

　　延伸阅读: 血压;意识;汗液。

运动

Exercise

运动是一种保持身形的方式,包括跑步、行走或者游泳,也包括举重或做伸展运动。几乎任何可以让身体活动增加的行为都是运动。

运动通过不同的方式改善身体。一些运动让肌肉更加强壮,肌肉将我们的骨骼连在一起,使身体各部分运动。强壮的肌肉对某些体育运动也非常重要,如足球、棒球。举重、做俯卧撑和仰卧起坐是人们锻炼肌肉的一些方法。

运动是一种保持身体健康的方式。跑步是一种简单而备受欢迎的运动,且全家人都可以参与。

　　运动也可以让我们的身体更加灵活，从而可以轻松弯曲且不会受伤。体操运动员与摔跤运动员需要较高的灵活性。伸展运动可以使肌肉更灵活。

　　其他运动可以提高身体的有氧活动能力。有氧活动能力意味着能够呼吸大量空气并利用它为肌肉提供能量。有氧活动能力首先要有强壮的肺，肺可以从我们吸入的空气摄取氧气，随后心脏通过血液将氧气输送至肌肉。有氧活动能力好的人跑步、游泳或骑自行车都比其他人要远，且不容易感到疲倦。

　　许多人在学校运动，另一些人参加运动课程，还有人喜欢自己运动。医生建议人们每周应当运动3～5次以保持健康。

　　延伸阅读：健康；肌肉；身体健康；运动医学。

几乎任何可以使身体活动增加的行为都是运动，甚至爬楼梯也是运动。

休息时的运动

你在看电视的时候会吃零食吗? 一些零食会让你摄入糖和脂肪, 久坐则会使你的肌肉变得僵硬。所以, 下次你在看电视的时候, 要正确对待你的身体, 做做运动。

1. 在片头字幕滚动的时候, 请让你僵硬的肌肉做做热身运动。想象手中有一根绳子来跳绳, 跳的时候摆动你的胳膊。当你觉得有点热或者开始出汗, 就停下来拉伸一下。

4. 在广告时间, 可以伸展一下胳膊。首先, 面朝下趴在地上, 双手分开, 与肩同宽; 然后慢慢起身, 用双手和膝盖撑起身体; 接下来, 慢慢弯曲胳膊, 身体回到地面。重复上面的动作直到广告结束。保持头部与背部在一条直线。

2. 多多伸展你的肌肉, 尝试"收缩和伸展"运动。首先踮起脚尖, 尽可能往高处伸展; 接下来尽可能低地蹲下, 弯曲膝盖并将重量放在脚后跟上。就这样不断伸展和收缩。

3. 坐下来把腿向前伸直, 拉伸脊椎和腿部肌肉。不要用手撑地, 将手从大腿慢慢伸向脚趾 (保持背部挺直)。当手已经伸到最远时, 保持这个姿势 15 秒。然后再将手慢慢收回至大腿。重复这个动作, 试着伸得更远。

5. 观看节目时, 靠在墙上假想身下有一把椅子可以坐, 通过这一动作可以增强大腿力量。背部靠在墙上, 双脚向前移动几厘米, 双手在面前平举。双脚并拢, 平踩地面, 身体向下滑, 坐在假想的椅子上。

调整双脚, 使膝盖在脚踝的正上方。保持这样的姿势 10 秒, 休息一下, 再重复该动作。经过几天的练习后, 尝试整个广告时间都保持这样的姿势。大腿肌肉越强壮, 你能够保持这个姿势的时间也越久。

运动医学

Sports medicine

运动医学主要是为体育运动参加者提供保健的医学领域。其主要目的是降低受伤的风险和治疗运动导致的损伤。运动医学融合了许多专家的专业知识，包括医生、运动训练师和体育工作者。

运动医学专家帮助制定训练计划，以帮助运动员在不受伤的情况下发挥最高水平。他们还研究训练方法、训练计划的执行、运动器材和运动场地及体育馆的设计和使用。运动医学旨在发现和解决影响普通大众和运动员的常见问题（包括膝盖和肌肉损伤）。

运动训练师运用运动医学知识帮助人们在不受损伤的情况下锻炼身体，保持身体健康。

寨卡病毒

Zika virus

寨卡病毒是一种会导致人们患病的病原微生物。这种疾病与严重的出生缺陷有关。该病毒因1947年发现于乌干达维多利亚湖附近的寨卡森林而得名。

自发现以来，寨卡病毒已从非洲缓慢扩散到亚洲以及太平洋的几个岛屿。该病毒自2015年起在中南美洲引起疾病的广泛暴发。在欧洲也有发现。2016年，美国大陆报道了第一例寨卡病毒感染。

寨卡病毒感染的症状可包括皮疹、发热、关节痛、结膜炎和头痛。大多数感染病毒的人症状轻微或根本没有症状，人们通常在几天内完全康复。寨卡病毒感染很少引起死亡。

科学家注意到寨卡病毒和一种叫作小头畸形的出生缺陷之间的联系。患小头畸形的孩子出生时头部比正常小，大脑发育往往严重受损。几个患有小头畸形的婴儿及其母亲被发现感染了寨卡病毒。母亲感染寨卡病毒似乎会导致新生儿患小头畸形的风险增加。

寨卡病毒通过某些蚊子的叮咬传播，也可能通过密切接触在人与人之间传播。

目前没有治疗或预防寨卡病毒感染的药物或疫苗。在病毒发生地区旅行的人应该注意隔绝蚊子。他们可以通过穿长袖和裤子以及使用驱蚊剂来做到这一点。通过减少蚊虫数量也可降低感染风险，这可以通过使用杀虫剂和消除可能滋生蚊子的水体来实现。

延伸阅读： 疾病；公共卫生；病毒。

詹纳

Jenner, Edward

爱德华·詹纳（1749—1823）是一位英国医生。他是第一个证明接种疫苗可以预防某些严重疾病的人。詹纳给一个男孩接种了牛痘，使男孩免于患上天花。

詹纳出生在英国格洛斯特郡伯克利。20岁左右的时候，他去伦敦学医，后回到伯克利行医。他的余生都住在那里。

詹纳在 1796 年接种疫苗成功。四年后，全世界的医生都在给人接种天花疫苗，以防止人们患上天花。詹纳因为他的工作获得了许多奖项。

延伸阅读： 免疫系统；免疫接种；天花。

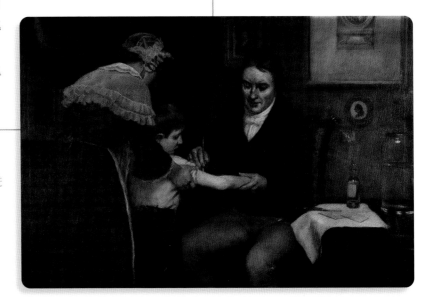

1796 年，詹纳对一名 8 岁男孩进行了第一次疫苗接种。

针灸

Acupuncture

针灸是一种用针进行治疗的医学方式。针灸师将针刺入身体特定部位的皮肤。针灸起源于中国古代医学，它旨在帮助患者减轻疼痛或治疗疾病。针灸常常被用来缓解持久的疼痛。

起初，针头会使人产生些许痛感，随后病人可能会感到酸麻。当进针到位时，病人可能会感到麻木或者酸胀。针灸的治疗理念是平衡人体内的经络走行。

科学家认为针灸治疗可调控大脑产生天然止痛成分，它们也会影响传输到大脑的疼痛信号。许多欧洲人和亚洲人都使用针灸，针灸在美国也流行开来。

延伸阅读： 替代医学；麻醉；疼痛。

在针灸治疗中，特殊的针被刺入病人身体上的特定部位来缓解疼痛和治疗疾病。

真核生物

Eukaryote

真核生物是细胞中有细胞核的生物。细胞核是细胞中的一个微小部分,它控制着细胞的各种活动,就像一个"指挥中心"。

所有的动物和植物都是真核生物,许多其他种类的生物也是真核生物。

真核生物构成了生命世界三大域之一,域是生物中最大的类别。另外两域是古生菌域和细菌域。古生菌和细菌只有一个单独的细胞,且不含细胞核,而真核生物可以有一个或多个细胞。

延伸阅读: 细胞;科学分类法;细胞核。

真皮

Dermis

真皮是敏感的第二层皮肤,位于最上层的皮肤——表皮的下方。所有的脊椎动物都有表皮和真皮。

真皮主要由血管、神经末梢、汗腺和淋巴管组成。汗腺会产生汗液,淋巴管则带走体内不需要的液体,血管可以滋养真皮和表皮。

真皮表面有许多微小的凸起部分,称为乳突。乳突与表皮下面的凹陷处相合,将真皮连接到表皮。乳突包含触觉敏感的神经末梢。

延伸阅读: 血管;毛细血管;表皮;汗液。

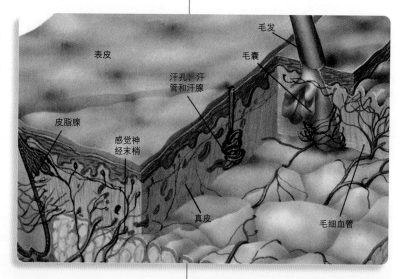

表皮　毛发　毛囊　汗孔,汗管和汗腺　皮脂腺　感觉神经末梢　真皮　毛细血管

真皮是皮肤的第二层。它包含许多毛细血管、神经末梢、汗液和皮脂(油脂)腺和淋巴管。毛囊贯穿真皮层。

镇静剂

Tranquilizer

镇静剂是一种使人镇静的药物。它作用于神经系统。镇静剂主要有两种,分别是:(1)抗精神病药物;(2)抗焦虑药物。

抗精神病药物用于治疗严重精神疾病患者,有助于减少混乱和兴奋。

抗焦虑药物用于治疗情绪问题,特别是焦虑症。它们有助于放松肌肉,减轻紧张和压力。

有些镇静剂有副作用,可能会导致肌肉无力和全身疲劳,也可能使人昏昏欲睡。为此,一个人服用镇静剂后数小时内不宜开车。如果人在服药前或服药后饮酒,嗜睡的可能性更大。

有些人对镇静剂上瘾,这意味着他们不能停药或控制药物使用。为此,镇静剂通常是处方药。

延伸阅读: 焦虑症;药物;精神疾病;麻醉剂;神经系统;睡眠。

整体医学

Holistic medicine

整体医学是健康护理的一种。它建立在许多因素都能影响人体健康的理念之上,这些因素包括:遗传因素、营养状况、体育锻炼、压力、家庭关系、医疗护理水平、工作居住条件和环境状况。整体医学被许多医生、心理学家和其他专家运用。

不同于传统医学,整体医学运用的一些方法是传统医生不用的,这些方法包括草药、按摩、催眠和放松疗法。整体医学治疗者尽量减少使用药物。他们帮助病人养成良好的卫生习惯,并常常强调健康饮食和清洁环境的重要性。

延伸阅读: 替代医学;健康;草药医学。

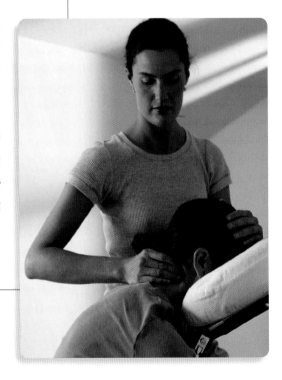

按摩在整体医学中用于治疗肌肉疼痛和缓解压力。
整体医学治疗者试图采用不依赖药物的治疗方法。

整形手术

Plastic surgery

整形手术是改变身体某部位形状的一项手术，大多数整形手术是重建或整容。在重建手术中，医生会修复缺失或损坏的身体部位；在整容手术中，医生通过重塑未受损的身体部位来改变外貌。

在重建手术中，损坏的组织通常会被来自身体另一部位的健康组织所替代。这一手术通常用于治疗严重烧伤、枪伤和车祸损伤，也可以矫正面部、耳朵、手或其他身体部位的出生缺陷。

整容手术最常用来逆转衰老迹象。面部拉皮手术通过从脸上移除一部分皮肤使人看起来更年轻。抽脂术可以去除臀部、腹部和腿部的多余脂肪，手术中，医生将导管插入皮肤下抽出脂肪。整容手术还可使用移植假体来改善外观，人们可以用移植假体来改变鼻子、脸颊、下巴的形状。最常见的整容手术是使用移植假体来改变女性胸部的形状和大小。

延伸阅读： 衰老；烧伤；皮肤；外科手术。

正电子发射断层扫描术

Positron emission tomography

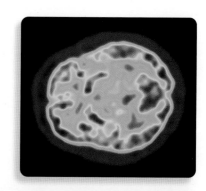

正电子发射断层扫描术的英语缩写为 PET，是一种扫描脑部和其他身体组织的技术，可使科学家能够在病人完成不同任务时观察脑中某些部位的化学变化，这些任务可能包括倾听、思考或者移动手臂或腿。科学家利用该技术来比较健康人和患有脑部疾病的人的脑部活动。

PET 图像中的不同颜色代表脑中某些部位利用葡萄糖速度的不同。这一测量结果能够反映完成特定活动时，脑部的活跃程度。例如，当一个人看着某些事物时，与

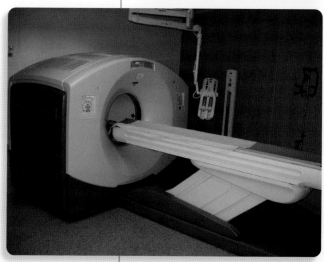

正电子发射断层扫描图像中的红色区域显示了脑部最活跃的部分（上图），扫描是利用一台特殊的机器（下图）来完成的。

视觉相关的脑部区域活跃度会增加。

通过 PET 扫描，医生可以确定一些脑部疾病发生的原因，包括精神疾病以及脑瘫、癫痫、中风等。PET 也可以帮助医生诊断一些其他疾病，如心脏疾病、癌症等。

延伸阅读： 脑；葡萄糖；精神疾病；放射学。

支气管炎

Bronchitis

支气管炎是一种肺部气道疾病。这些气道叫作支气管。在支气管炎中，气道出现炎症反应，会充满一种黏稠的物质，称为黏液。病人可以咳出黏液。

有时感冒会引起支气管炎，因为感冒的致病细菌会感染肺部。支气管炎也可以因吸入香烟烟雾、污浊空气或有害化学物质引起。支气管炎的症状包括发烧、胸痛或严重咳嗽等。

有些支气管炎持续时间很短，可以通过服药来治愈。另一些可能持续数月或数年。长期的支气管炎通常是由吸烟引起的，无法治愈。

延伸阅读： 咳嗽；疾病；肺；黏液；呼吸；气管。

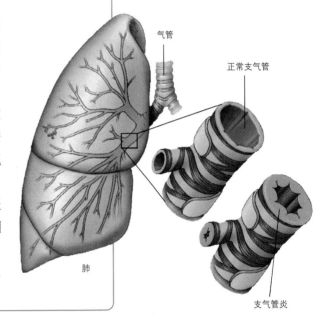

支气管炎是由气管到肺部的气道发炎和肿胀引起的。

气管

正常支气管

支气管炎

肺

肢体语言

Body language

肢体语言是通过身体发出无声信号进行交流的方式，包括面部表情、手势、姿势和其他信号。肢体语言传达了人们的身份、人际关系和思想等未说出口的信息，还可以帮助传达情绪、动机和态度。肢体语言在人际关系和许多动物间的关系中起着至关重要的作用。

肢体语言的信号可以是天生的、后天习得的，或者两者兼而有之。眨眼、清嗓子、面部潮红都是天生的信号，这些信号往往是无意识的。后天习得的信号包括手势，比如竖起大拇指,这些手势的含义因不同文化而异。

肢体语言可以揭示谎言或隐藏的情感。例如,嘴唇抿在一起可能表示不同意或怀疑,即使人们嘴上说他们同意。

延伸阅读: 交流;情绪;人体。

脂肪

Fat

脂肪是提供能量的三种主要物质之一,另外两种分别是蛋白质和碳水化合物。脂肪存在于动物和植物中,黄油和人造黄油等都是脂肪。在室温下为液态的脂肪称为油。

人体在许多方面利用脂肪。储存在体内的脂肪给予人们所需的能量,而在肾脏和身体其他部位周围的脂肪则有助于保护它们免受伤害。身体还需要脂肪来构建细胞并帮助传导神经信号。但是在饮食中摄入过多的脂肪也会引起健康问题,包括肥胖和心脏病。

人们还用脂肪来制造非食用的物品,包括油漆、肥皂和化妆品。在制造业中使用的脂肪多为油类脂肪。

延伸阅读: 碳水化合物;胆固醇;饮食;心脏病发作;肥胖;蛋白质;体重控制。

人们的饮食中需要脂肪,但是,摄入过多高脂肪食物可能导致健康问题。

植皮术

Skin grafting

植皮术是利用替代的皮肤覆盖于体表创面的手术。用于覆盖伤口的皮肤称为移植物。植皮术特别适用于治疗严重烧伤。

大多数植皮术使用身体某个部位的健康皮肤覆盖另一个部位的伤口,导致受伤部位的皮肤看起来不完全像正常未受伤的皮肤。但几年后,差异通常变得很小。

延伸阅读: 烧伤;皮肤;外科手术。

指甲

Nail

指甲是手指和脚趾末端的坚硬生长物，由硬化的细胞组成。指甲下面的皮肤是指甲生长的地方，称为基质。指甲底部的白色新月形斑点称为月牙。

如果指甲被扯掉，只要基质没有严重受伤，它就会重新长出来。有些病症会影响指甲生长。医生有时可以通过观察指甲来判断人们是否生病。其他动物的角、爪和蹄都是由与人类指甲成分相同的物质组成的。

延伸阅读：表皮；手指；皮肤。

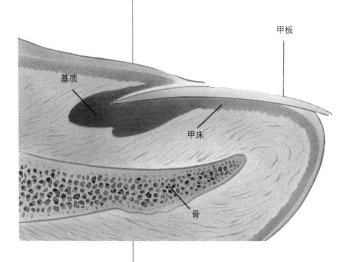

甲板

基质

甲床

骨

手指和脚趾的指甲是由皮肤的某些细胞形成的。指甲由三个部分组成：基质、甲床和甲板。基质产生甲床和甲板的细胞。

致癌物

Carcinogen

致癌物是指任何可导致癌症的物质。癌症是一种严重的疾病，癌细胞大量繁殖，侵袭健康细胞，并可致人死亡。

工厂和其他工业部门可能会把化学物质排放到空气和水中，其中一些化学物质是致癌物。许多国家都设有禁止排放有害化学物质的法令。

烟草烟雾中含有致癌物。吸烟会使人更容易患上肺癌。

用于杀死昆虫或消除杂草的一些化学品也含有致癌物。如果使用不当，会非常危险。

延伸阅读：癌症；肺癌；肿瘤。

烟草烟雾中含有致癌物，吸烟的人比不吸烟的人更容易患肺癌。

智力

Intelligence

智力是指学习、认识、理解、记忆客观事物和解决实际问题的能力。人们有时使用智商（IQ）测试来测量智力。

科学家不确定是什么决定了一个人的智力。有些智力是遗传的，但来自同一家庭的孩子并不都具有相同的智力。科学家认为，人们的成长经历也会对他们的智力产生影响。科学家发现，通过玩填字游戏或让人思考的游戏有助于老年人保持智力。

延伸阅读：智力障碍；智商；思想。

玩填字游戏可能有助于老年人保持智力。

智力障碍

Intellectual disability

智力障碍是指人的智力低于一般水平。智力障碍的人在智力测试中得分远低于平均水平。他们在学习、工作、照顾自己等日常活动中可能会有困难，也可能在理解别人的行为或交流想法和感觉等社交方面有困难。

智力障碍最常见的症状是发育的某些阶段出现延迟。许多严重智力障碍儿童到了一定的年龄仍不能坐起来或走路。智力障碍较轻的儿童学习说话可能较慢。轻度智力障碍可能会被忽略，直到孩子开始上学并且学习有困难才会被发现。

医生和社会工作者曾经建议智力障碍儿童的父母将他们安置在特殊机构。但专家现在认为，除了最严重的病例，一般人住在家里是更好的选择。家人、朋友和专业人士的支持可以帮助智力障碍人士过上更好的生活。

延伸阅读：残疾；唐氏综合征；智力。

智商

Intelligence quotient

　　智商的英语缩写为IQ，是用来比较人们的智力水平的一个指标。一个人的智商是通过测试确定的。智商测试评估一个人学习、记忆、判断、推理和解决问题的能力。但多数专家认为，智力有多种类型，单一测试无法准确评估所有这些能力。

　　平均智商定为100。智商低于70的人可归为智力障碍，但只有这个人在学习、工作和照顾自己等日常活动中存在困难的情况下，才会将其归为智力障碍。智商超过130的人可归为天才，但只有这个人在某方面表现出突出的才能，才会被认为是天才。

　　延伸阅读： 智力障碍；智力。

痣

Mole

　　痣是皮肤上的有色生长物。它的细胞含有黑色素。痣可能在出生时就在皮肤上，这些痣有时被称为胎记。大多数痣出现在儿童期或青少年时期。

　　痣很常见，可能在身体的任何部位，大小不一，但多数较小。它们可能是扁平或隆起的，颜色从浅棕色到蓝黑色。有的痣有长长的黑毛。

　　大多数痣是无害的，但在极少数情况下，痣可转变为恶性肿瘤。任何有变化的痣都应该由医生检查。痣可通过手术去除。

　　延伸阅读： 雀斑；黑色素；皮肤；皮肤癌。

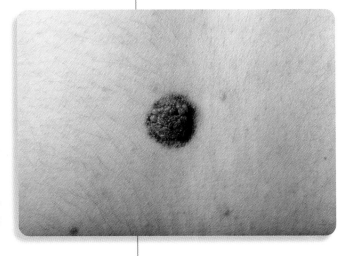

痣是皮肤上的有色生长物。

中东呼吸综合征

MERS

中东呼吸综合征 (Middle East respiratory syndrome) 是一种严重的呼吸系统疾病，于 2012 年在中东首次发现。它主要由于来自阿拉伯半岛及其周围的病例而为人所知。症状包括发热、咳嗽和呼吸急促。该病可能是致命的，尤其是在老年人和免疫系统薄弱的人群中。它是由冠状病毒引起的，目前尚无特效药。

延伸阅读： 咳嗽；疾病；发热；呼吸；病毒。

中年

Middle age

中年是人的一生中介于青年和老年之间的一段时期，通常为 40 ~ 65 岁。

中年往往是成年人安定下来的时候。中年人往往越来越重视家庭生活和友谊。很多人可能觉得自己与年迈的父母更亲近了，父母对孩子往往变得更加开明。

有些中年人可能因为害怕年老而无法享受这段时光。但研究表明，很多人仍然觉得自己可以过上充实的生活。多年来获得的技能和经验可以增强他们的幸福感。

延伸阅读： 成年人；衰老。

中年人往往越来越重视他们的友谊和家庭生活。

中枢神经系统

Central nervous system

中枢神经系统包括脑和脊髓。脊髓是呈长柱状的神经组织，在颈部和脊柱内部延伸。脑是身体的控制中枢，位于脊髓的顶部。

中枢神经系统由数十亿个神经元（神经细胞）组成。神经元形成信号的通路，而信号沿着这些通路快速传递。

脊髓将信号从脑传递到身体其他部位的神经组织。同样，它也会将来自这些神经组织的信号传递到脑。如果脑或脊髓受伤，一个人可能会丧失对全身或部分身体的控制。

延伸阅读： 脑；神经系统；脊柱。

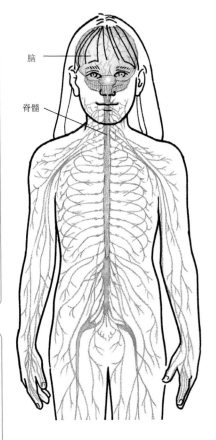

中枢神经系统由脑和脊髓组成。

肿瘤

Tumor

肿瘤是体内异常生长的组织。有些肿瘤是无害的，但也有些可以伤害或杀死人和其他动物。

有些肿瘤是良性的。良性肿瘤不会扩散到身体的其他部位，一旦切除，通常不会再生长。

恶性肿瘤也称为癌症。那些没有被彻底清除的恶性肿瘤可以扩散到全身，往往会破坏体内的其他组织。

肿瘤可由体内任何一种组织生长而来。它们可能在皮肤、肌肉、神经、血管或骨骼中生长，也可能在任何身体器官中生长，如肝、胃或肺等。

延伸阅读： 活组织检查；癌症；痣；疣。

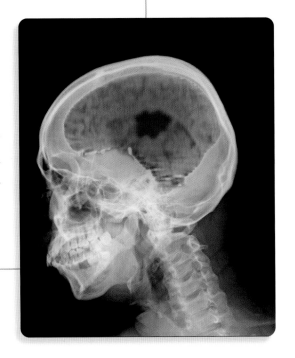

在这个 X 射线图像中，脑瘤以红色显示。

肿瘤学

Oncology

肿瘤学是研究癌症的学科。癌症是一种细胞增殖失控的疾病。如果不进行治疗，癌细胞会占据身体的健康部位并导致死亡。

通过比较正常细胞与癌细胞，肿瘤学家可以了解正常组织是如何生长的。通过这些信息，他们可以弄清楚肿瘤组织是如何生长的，并且有希望找到控制这种生长的方法。

肿瘤学家可以取下一块肿瘤组织并在显微镜下研究以确定它是否是恶性的，这个过程称为活组织检查。

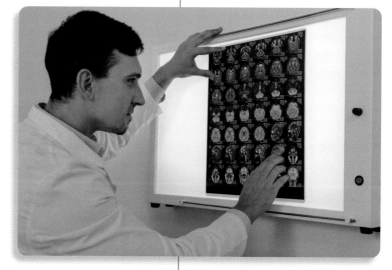

肿瘤学家检查恶性脑肿瘤患者的磁共振成像扫描。

延伸阅读： 活组织检查；癌症；化学治疗；肿瘤。

种族

Human races

种族是一种对人群进行分类的方式。科学证据表明，所有现代人类都是相互关联的，但是人们看起来并不一样。我们的身体、鼻子、嘴唇和眼睛有不同的大小和形状，我们的皮肤、眼睛和头发的颜色不同，人们通常运用这些差异来区分不同种族。

多年来一直有学者认为遥远的过去存在着"纯粹"种族，后来这些种族经过繁殖，产生了我们今天所见到的各种外表特征。大多数现代科学家则怀疑"纯粹"种族的存在，他们没有用狭隘的种族来区分人类，而是试图欣赏人类的多样性。

人们通常将那些"看起来不同"的人视作不同种族的成员，因此，社会也将它的成员分成不同种族。

有些人误解了种族的含义，他们认为不同种族的人天生即存在智力、才能或道德标准的差异，这些看法都是没有科学依据的。

延伸阅读： 人类。

中风

Stroke

中风主要表现为突然昏倒,是内科急症,可能导致瘫痪或偏瘫,甚至可能造成严重的脑损伤或死亡。大部分中风是由血凝块阻塞脑血管导致的。当这种情况发生时,脑部不再获得氧气和营养物质。如阻塞持续数分钟以上,损害则不能自愈。脑血管破裂也可能导致中风,由此导致的出血会对脑部造成压力,损害脑部。中风是当今世界的主要健康问题。

延伸阅读: 出血;血凝块;血管;脑;瘫痪。

中风患者使用负重机进行力量训练。

重症监护病房

Intensive care unit

重症监护病房的英语缩写为ICU,是危重患者在医院中得到特殊医疗护理的病房。护士日夜观察ICU患者,确保患者得到必需的帮助。

一些人在发生严重事故后被送往重症监护病房,另一些人则需要在大手术(如心脏手术)后进行重症监护。患有危重疾病的婴儿可能会在专门为儿童设立的ICU中度过一段时间。

部分患者不能自行呼吸。在重症监护病房里,呼吸机可以帮助他们呼吸。有些人不能进食,他们通过输液摄入一种特殊的液体。任何有心脏问题的人都可通过电线连接到监视器上,使护士知道他们的心脏是否停止跳动。

延伸阅读: 护理人员;医生。

肘

Elbow

    肘是人体上臂和前臂的联接部分。上臂中的骨头为肱骨,而前臂中的骨头则为桡骨和尺骨。肱骨、桡骨和尺骨构成肘关节,使人的前臂可以伸屈、旋转,手掌可以上下转动。

    肘关节周围环绕有坚韧的结缔组织,即关节囊。关节囊与韧带将骨头固定。关节腔内有一种特殊的液体帮助肘部平稳运动。

    前臂过多的猛烈旋转可能会损伤肘部,例如一种称为"网球肘"的肘关节损伤,可能在打网球时发生。

延伸阅读: 手臂;骨;韧带;肌腱。

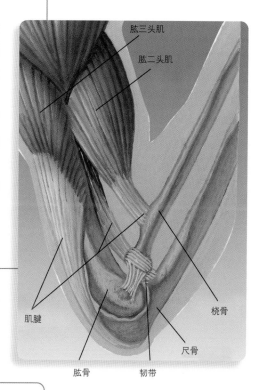

肱三头肌
肱二头肌
肌腱
桡骨
尺骨
肱骨
韧带

上臂中的肱骨与前臂中的桡骨和尺骨构成肘关节,使人可以弯曲手臂。

侏儒症

Dwarfism

    侏儒症是指身材异常矮小的一种身体状况。侏儒指身材很小的成年人,此外动物或植物也可能出现形体过小的情况。矮小的动物包括矮牛和矮马;矮生植物包括许多观赏果树和一些诸如金盏花和大丽花的花卉。

    侏儒症的发生可以是个体性的,也可以是群体性。矮化群体包括设得兰矮种马和矮树。对人类来说侏儒症多是遗传性的。此外,也可能是因为怀孕期间胎儿遭受到各种不良刺激而产生。各种各样的疾病、营养不良或严重的情绪问题也可能会阻碍生长发育。

延伸阅读: 残疾。

主动脉

Aorta

主动脉是一个大血管,它将血液从心脏运出。从心脏运送血液的主动脉和其他血管称为动脉。主动脉是最大、最长的动脉。

主动脉起始于心脏左下方并向上延伸,分裂成较小的分支。来自主动脉的血液为身体的各个部位提供氧气和食物。

主动脉有许多不同的分支。被称为冠状动脉的两个小分支为心肌供血,另一些分支将血液输送到头部、颈部、肩部、手臂、腿部和身体的其他部位。

延伸阅读: 动脉;血管;循环系统;心脏。

主动脉

主动脉是一个大血管,将血液从心脏运送到身体的其他部位。

助听器

Hearing aid

助听器是一种可以帮助人们听到声音的小型仪器,分为两种。

仍然可以听到一部分声音的人可以佩戴能够完全放在耳内的助听器,这种助听器称为气导助听器,它使得声音变得更大。

有更严重耳疾的患者,以及完全听不到声音的患者则佩戴骨导助听器。骨导助听器的一部分放在耳内,另一部分则被置于耳后靠近头骨处。这类助听器可以捕捉声波,并通过骨头将其传至耳内的神经,从而使人们听到声音。

延伸阅读: 耳聋;耳;听觉。

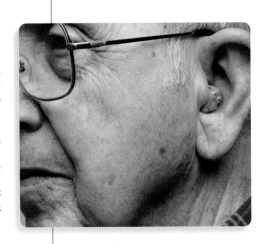

气导助听器可以完全放进耳内,所以不容易被看到。它将声音放大,从而帮助丧失部分听力的人听清声音。

注意缺陷障碍

Attention deficit disorder

注意缺陷障碍是一种行为问题。患者很难集中注意力、坐着不动或者控制自己的行为。注意缺陷障碍（ADD）也被称为注意缺陷多动障碍（ADHD），有时也称多动症。

多动症在儿童中很常见，患多动症的男孩是女孩的两倍多。许多青少年和成年人也患有多动症。

一类多动症患儿烦躁不安，常常迫不及待地想在课堂上发言或参加集体活动。另一类多动症患儿则难以集中注意力，这些孩子健忘、没有条理。大多数多动症患者同时具有这两种症状。

专家还没有明确多动症的病因，但是某些药物可以帮助多动症患者。多动症患儿也可以通过接受行为治疗而得到帮助。

延伸阅读： 行为；脑；儿童；多动。

患有注意缺陷障碍的人很难集中注意力。这是儿童常见的行为问题。

站或坐都要有良好的姿势，保持挺胸收腹，腰背挺直。姿势不当会使肩膀和头部下垂。

姿势

Posture

姿势是指人们坐着或站立时身体呈现的样子。背部、臀部和腿部的部分肌肉可以帮助身体保持直立。由于肌肉运动和地心引力的影响，姿势总是发生着变化。

在呼吸和保持直立状态时，良好的姿势可以将肌肉运动降低到最少。双脚应自然分开，使重量均匀分布于双脚上。无论从前方还是后方看，两边的肩膀、臀部以及指尖应该是均衡的，从侧面看，耳朵和肩膀应该在一条线上，背部不应太过弯曲。

姿势反映了人们生活中是如何站立或坐着的，如果一个

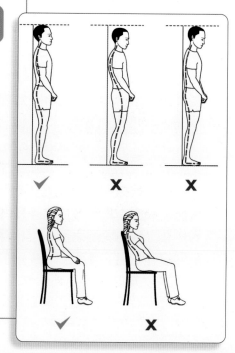

人总是头朝前站立或坐着，颈部肌肉长度会发生改变，想要保持好姿势就会变得困难。姿势也反映了人们的感受，如果他们感到疲倦或沮丧，姿势就会比平时差。好的姿势使人看起来更加精神和自信，也使身体达到最佳状态。

延伸阅读：运动；健康；身体健康；脊柱。

子宫

Uterus

子宫是女性体内一个中空的肌性器官。胎儿在其中发育。子宫靠近胃底。没有怀孕的妇女的子宫看起来像一个倒过来的梨，大约有一个拳头那么大。

子宫底部称为子宫颈。子宫颈包含一个开口，看起来像一个通向阴道的颈部。婴儿出生时，通过子宫颈向下，然后通过阴道从母体娩出。

妇女怀孕时子宫膨胀，可扩大至正常大小的 24 倍左右。分娩过程中，子宫的肌肉迫使婴儿离开母亲的身体。成年女性每个月都会有血管、腺体和细胞在子宫内膜堆积。但如果一个月内没有成功怀孕，堆积的内膜就会从体内排出。排出过程称为月经。

延伸阅读：分娩；月经；怀孕；人类生殖；阴道。

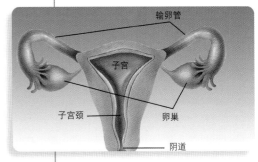

在女性生殖系统中，卵子从卵巢通过输卵管进入子宫。在分娩过程中，婴儿通过子宫颈向下，然后通过阴道从母体娩出。

子宫颈抹片检查

Pap test

子宫颈抹片检查是用于检测宫颈癌的医学检查，子宫颈是女性子宫的一部分。子宫颈抹片检查有助于预防许多宫颈癌患者的死亡。

在宫颈癌发生之前，子宫颈细胞会发生许多变化。这些变化可能需要数年时间。子宫颈抹片检查可以在早期发现癌症，治疗起来也就更加容易。

21岁及以上的女性应每两年进行一次子宫颈抹片检查。检查可以在医生的办公室进行。它不会引起疼痛，仅有轻微的不适。医生用棉签、木刮刀或小刷子从子宫颈采集细胞样本。如果发现异常细胞，医生会进行其他检查并决定是否需要治疗。

延伸阅读：癌症；子宫。

自闭症

Autism

自闭症是一种起病于幼儿时期的神经发育障碍。患者在与他人交流和互动方面存在困难。自闭症会持续一生。

有时自闭症的症状在婴儿期出现，但更常见于孩子们开始说话和与其他孩子一起玩耍的时候。这些变化通常发生在 4 岁之前。男孩比女孩更容易患自闭症。

自闭症患者可能会表现出一种或几种不同类型的行为。有些自闭症儿童不会向父母寻求身体上的安慰，他们也不看人的眼睛。当别人叫他们的名字时，他们不回答。他们不知道如何交朋友、与其他孩子玩耍或与老师和其他成年人互动。

治疗师帮助一个与他人交流和互动有困难的自闭症女孩。

大多数自闭症儿童不能像其他儿童那样早早学会说话，有些甚至始终无法学会流利地说话。

一些自闭症儿童可能只有一个兴趣爱好，比如钟表、飞机或日历。他们可能只会把时间花在这个兴趣上。有些人可能会做重复的动作，如拍手、摇摆或甩头。或者他们会整理玩具而不是玩玩具。自闭症儿童通常喜欢事物保持不变。当事物发生变化时，他们可能会感到不安。

科学家认为自闭症是由大脑发育问题引起的。他们还认为这是家族遗传的。各级智力水平的人都可能患有自闭症。

自闭症无法治愈，但是及早发现和治疗可以改善自闭症患者的生活。

延伸阅读：行为；脑；儿童；交流；精神疾病。

自杀

Suicide

自杀是一种杀死自己的行为。它是全球的主要死亡原因之一。有些人比其他人更容易自杀，这类人通常曾企图自杀、有自杀家族史或认识自杀的人。患有某些精神障碍的人更容易自杀，患有某些疾病的人也是如此。

有些人因为某些经历而自杀，这类经历可能包括虐待儿童、家庭问题、人际关系问题或失去亲人。使用酒精或药物可能会使一些人更容易自杀。其他可能导致人们结束生命的事情包括绝望、自卑以及在学校或工作上缺乏参与度。

卫生专业人员可以与有自杀倾向的人交流，帮助他们处理自己的情绪，获得所需的支持。医生可能会开出某些药物来帮助那些精神或情绪有问题的人。

延伸阅读： 死亡；抑郁；情绪；精神疾病；应激。

自身免疫性疾病

Autoimmune disease

自身免疫性疾病是一种身体受到自身伤害的疾病。它由身体的免疫系统引起。免疫系统通常保护身体不受病原微生物侵袭。在自身免疫性疾病中，免疫系统不能正常工作，反而攻击自身。

白细胞是免疫系统的重要组成部分。其中一些白细胞产生抗体，抗体附着在病原微生物上并消灭它们。

在患有自身免疫性疾病的人群中，抗体会将人体自身的细胞误认为病原微生物，并开始攻击这些细胞。这些抗体可能损害皮肤、心脏、肾脏或身体其他重要部位。

许多自身免疫性疾病可以采用药物治疗。医生还未明确自身免疫性疾病的病因。

延伸阅读： 抗体；关节炎；糖尿病；免疫系统；关节；白细胞。

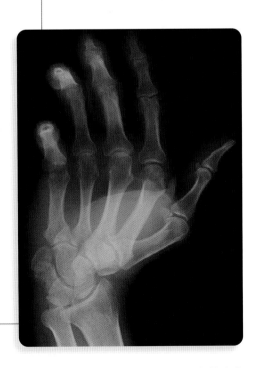

一种称为类风湿性关节炎的自身免疫性疾病会使手部关节损坏和变形。

足病学

Podiatry

足病学也叫足科医学，是医学的分支学科，专门研究人的脚、脚踝及相关部位。足科医生为足部及其相关部位的疾病提供药物和手术治疗。他们可能开出药方或定制特殊的鞋子，也会为足部提供特殊的设备来帮助治疗疾病。

延伸阅读：脚踝；脚；医学。

足癣

Athlete's foot

足癣是一种皮肤病。它会使脚趾和脚底感到瘙痒，也可能引起皮肤发红、出现水疱或脱屑。

足癣是由真菌引起的。几乎所有人的皮肤上都有真菌，但只有在某些情况下它才会发展成足癣。真菌最容易在温暖潮湿的皮肤上生长。运动员的脚经常是又热又多汗，这容易引起足癣的发生。

人们可以通过仔细清洗和保持足部干燥来预防足癣，可以用一种特殊的爽足粉来调控足部湿度。穿保持双脚凉爽的鞋袜也可预防足癣。足癣患者可以用药物来杀死足部真菌。

延伸阅读：疾病；脚；皮肤。

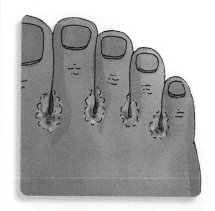

足癣是由真菌引起的皮肤病。它通常发生在脚趾之间。

组织

Tissue

组织是共同执行特定机体功能的一组细胞。执行相似任务的相似细胞形成组织，不同的组织形成器官。